ISBN 978-3-662-01923-8   ISBN 978-3-662-02218-4 (eBook)
DOI 10.1007/978-3-662-02218-4

Inhalt.

Der Wärmeübergang in Rohrleitungen.

Von Dr. Ing. **Wilhelm Nußelt.**

Durch ein warmes Rohr ströme eine kalte, tropfbare oder elastische Flüssigkeit. Es ist gesucht die Erwärmung des Stromes, abhängig von den Eigenschaften des Rohres, der Flüssigkeit und der Strömung. Die technische Wichtigkeit dieser Frage hat schon frühzeitig eine Reihe von experimentellen Untersuchungen veranlaßt, die Mollier[1] in einem Aufsatze »Ueber den Wärmedurchgang und die darauf bezüglichen Versuchsergebnisse« zusammengestellt und kritisch besprochen hat. Seit jener Zeit ist nichts wesentlich Neues hinzugekommen, mit Ausnahme einer theoretischen Arbeit von Boussinesq[2].

Obgleich bereits O. Reynolds[3] im Jahr 1874 und J. Perry[4] auf Grund molekulartheoretischer Betrachtungen zu dem Ergebnis kamen, daß der Wärmeübergang proportional der in der Zeiteinheit durch das Rohr strömenden Flüssigkeitsmenge, also proportional dem Produkt aus Strömungsgeschwindigkeit und Dichte, sein müsse, wird in der Technik allgemein der Wärmeübergang für Gase und Dämpfe als gleich angenommen und nur abhängig von der Geschwindigkeit gesetzt.

Die folgenden Zeilen sollen das Wesen des Wärmeüberganges klarlegen. Ausgehend von den strengen Gleichungen der Hydro- und Thermodynamik gewinnen wir die grundsätzliche Erkenntnis der Größen, von denen der Wärmeübergang abhängt, und gelangen, gestützt auf zahlreiche, eigene Versuche mit verschiedenen Gasen, zu einer allgemeinen Formel für die Wärmeübergangzahl.

Theorie des Wärmeüberganges.

Bringt man zwei verschieden temperierte feste Körper in innige Berührung, so findet beim Wärmeübergang von einem Körper zum anderen an der Trennungsfläche kein Temperatursprung statt, sondern auf einer durch einen Punkt der Berührungsfläche gehenden, beide Körper schneidenden Linie ändert sich die Temperatur ohne Sprung an der Trennungsstelle. Ersetzt man den einen Körper durch eine Flüssigkeit oder ein Gas und sorgt durch die Versuchsanordnung dafür, daß sogenannte Konvektionsströme nicht entstehen können, d. h. daß warme Flüssigkeitsteilchen nicht durch Auftrieb sich an Stellen anderer

[1] Zeitschrift des Vereines deutscher Ingenieure 1897 Bd. 41 S. 153.

[2] M. J. Boussinesq, Calcul du pouvoir refroidissant des courants fluides. Jour. de math. pur. et appl. 1905 S. 285.

[3] O. Reynolds, On the extent and action of the heating surface of steam boilers. Scientific papers Bd. I S. 81.

[4] O. Perry, The steam engine and gas and oil engines, London 1899 S. 586.

Temperatur begeben und dadurch einen Wärmetransport ausführen, so haben wir wieder denselben Fall wie oben. Ein Temperatursprung an der Trennungsstelle findet nicht statt. Nur für den Wärmeaustausch zwischen einer festen Wand und einem sehr verdünnten Gase konnte ein Temperatursprung zwischen Wand und Flüssigkeit experimentell und theoretisch festgelegt werden. Läßt man nun die Flüssigkeit längs der festen Wand strömen, so wird grundsätzlich nichts geändert, denn nach allen Erfahrungen der Hydrodynamik bleiben die der Wand am nächsten liegenden Flüssigkeitsteilchen daran haften. Es findet kein Gleiten an der Wand statt, wenn auch unter Umständen der Geschwindigkeitsabfall an der Wand ziemlich beträchtlich sein kann. In einer der Wand anhaftenden Flüssigkeitschicht von wechselnder Stärke sollte nun nach der Ansicht mancher Experimentatoren der Wärmeübergang sich abspielen. Nach dieser Theorie ist die übrige Flüssigkeit vollkommen gemischt, um gleiche Temperatur zu besitzen. Das gesamte Temperaturgefälle entfällt auf die adhärierende Schicht, und deren Stärke ändert den Wärmeübergang und bedingt seine Gesetzmäßigkeit. Das Vorhandensein dieser anhaftenden, ruhenden Schicht ist aber durch keine physikalische Eigenschaft bedingt und rein willkürlich angenommen. Die ideale Flüssigkeit würde im Rohr mit über den Querschnitt überall gleicher Geschwindigkeit strömen können. Die wirkliche Flüssigkeit, die Zähigkeit besitzt, strömt in anderer, aber gleichfalls gesetzmäßiger Weise durch das Rohr. Wir werden unten sehen, daß von der Gesetzmäßigkeit der Strömung der Wärmeübergang abhängig ist.

Hydrodynamische Grundlagen der Strömung im Rohr.

Es sei gegeben eine strömende Flüssigkeit von der Dichte ϱ, dem Drucke p und der Zähigkeit η.

Die rechtwinkligen Koordinaten seien x, y, z und die Geschwindigkeitskomponenten u_1, u_2, u_3.

Greift man ein Flüssigkeitsteilchen heraus und wendet darauf das D'Alembertsche Prinzip an, so erhält man die zuerst von Stockes[1]) aufgestellten Bewegungsgleichungen für zähe Flüssigkeiten:

$$
\left.
\begin{aligned}
\frac{d u_1}{d t} &= -\frac{1}{\varrho}\frac{\partial p}{\partial x} + \tfrac{1}{3}\frac{\eta}{\varrho}\frac{\partial \Theta}{\partial x} + \frac{\eta}{\varrho}\nabla^2 u_1 \\
\frac{d u_2}{d t} &= -\frac{1}{\varrho}\frac{\partial p}{\partial y} + \tfrac{1}{3}\frac{\eta}{\varrho}\frac{\partial \Theta}{\partial y} + \frac{\eta}{\varrho}\nabla^2 u_2 \\
\frac{d u_3}{d t} &= -\frac{1}{\varrho}\frac{\partial p}{\partial z} + \tfrac{1}{3}\frac{\eta}{\varrho}\frac{\partial \Theta}{\partial z} + \frac{\eta}{\varrho}\nabla^2 u_3
\end{aligned}
\right\} \quad \ldots \ldots \quad (1).
$$

Die Kontinuitätsgleichung lautet:

$$
\frac{\partial \varrho}{\partial t} + \frac{\partial \varrho u_1}{\partial x} + \frac{\partial \varrho u_2}{\partial y} + \frac{\partial \varrho u_3}{\partial z} = 0.
$$

Dabei bedeuten die Symbole:

$$
\frac{d}{d t} = \frac{\partial}{\partial t} + u_1 \frac{\partial}{\partial x} + u_2 \frac{\partial}{\partial y} + u_3 \frac{\partial}{\partial z}
$$

$$
\Theta = \frac{\partial u_1}{\partial x} + \frac{\partial u_2}{\partial y} + \frac{\partial u_3}{\partial z}
$$

$$
\nabla^2 = \frac{\partial^2}{\partial x^2} + \frac{\partial^2}{\partial y^2} + \frac{\partial^2}{\partial z^2}.
$$

---

[1]) Stockes, On the Theorie of the internal friction of fluids in motion etc. Math. and phys. papers. Bd. 1 S. 75.

Von der Wirkung von Volumkräften, der Schwerkraft in unserem Falle, wollen wir absehen. Die Genauigkeit dieses Gleichungssystemes hängt ab von der Richtigkeit des Ansatzes für die Zähigkeit, der nur geprüft werden kann durch die Integration obiger Gleichungen für einen besonderen Fall. O. Reynolds[1]) hat durch seine grundlegenden Versuche über die Strömung des Wassers in Röhren gezeigt, daß unter einer »kritischen« Geschwindigkeit das Wasser parallel zur Rohrachse strömt. Dafür lassen sich die Gleichungen integrieren. Man findet, daß die in gleicher Zeit durch das Rohr strömende Menge proportional dem Druckabfall und der vierten Potenz des Rohrdurchmessers ist, in Uebereinstimmung mit den Ergebnissen von Versuchen. Erst kürzlich erschienene Versuche von Ruckes[2]) haben diese Beziehung für Luft durch Versuche an Haarröhrchen bestätigt. Hierbei wurden Geschwindigkeiten bis 300 m erreicht, so daß also die Gleichungen (1), und damit der Ansatz für die Zähigkeit in weiten Grenzen sowohl für Gase als auch tropfbare Flüssigkeiten gesichert erscheint.

Ueber der kritischen Geschwindigkeit ändert sich das Bewegungsgesetz. Die Parallelströmung der Flüssigkeit wird labil: es tritt Wirbelung ein. Eine genauere Angabe über diese Bewegungsform und ihre analytische Fassung ist bis heute noch nicht gelungen. Durch den Versuch konnte nur der Druckabfall im Rohr, der von dem Bewegungszustand abhängt und dadurch einen Indikator für diesen bildet, gemessen werden. Er steigt fast quadratisch mit der mittleren Geschwindigkeit. Aus Versuchen wurden zwei grundsätzlich verschiedene Formeln für den Druckabfall aufgestellt. Auf Grund eigener und fremder Versuche konnte Fritzsche[3]) die Gleichung gewinnen:

$$- \frac{dp}{dl} = \frac{\zeta\, w^n \varrho^{n-1}}{D^\beta} \quad \ldots \ldots \ldots \ldots \quad (2),$$

worin w die mittlere Geschwindigkeit, ϱ die Dichte, D der Rohrdurchmesser und ζ, n und β Konstante sind.

Dieser steht entgegen die von Biel[4]) benutzte Gleichung:

$$- \frac{dp}{dl} = \frac{4\, w^2 \varrho}{D} \left(a + \frac{2f}{\sqrt{D}} + \frac{2b}{w\sqrt{D}}\, \frac{\eta}{\varrho} \right). \quad \ldots \ldots \quad (3).$$

a, f, b sind konstant.

Es soll nun geprüft werden, ob und wie diese Formeln mit den hydrodynamischen Gleichungen in Einklang zu bringen sind.

Wir betrachten zwei Fälle. In einem geraden Rohre vom Durchmesser d_1 ströme eine Flüssigkeit von der Dichte ϱ_1, der Zähigkeit η_1 und dem Drucke p_1 mit der mittleren Geschwindigkeit w_1. Das betrachtete Rohrstück möge soweit von dem Eintritt der Flüssigkeit in das Rohr abliegen, daß stationäre Strömung vorliegt, d. h. daß die Bewegung in jedem Querschnitt dieselbe ist. Das kann durch den Versuch z. B. durch Messen des axialen Druckgefälles, das längs der Rohrachse gleich bleiben muß, geprüft werden. Im zweiten Falle seien die betreffenden Größen d_2, ϱ_2, η_2, p_2 und w_2. Der Druckabfall ist erfahrungsgemäß von der Rauhigkeit der Rohroberfläche abhängig, eine Eigenschaft, deren zahlenmäßige Festlegung ausgeschlossen erscheint. Man ist in ihrer Beurteilung auf Gefühl und Auge angewiesen. Die Unebenheiten der Oberflächen beider Rohre seien geometrisch ähnlich.

---

[1]) O. Reynolds, Scientific Papers 1901 Bd. II S. 51.
[2]) Ruckes, Zeitschrift des Vereines deutscher Ingenieure 1908 Bd. 52 S. 2065.
[3]) Mitteilungen über Forschungsarbeiten Heft 60.
[4]) Mitteilungen über Forschungsarbeiten Heft 44.

Zwischen den Zahlengrößen der beiden Fälle bestehen zunächst die folgenden beliebigen Verhältnisse:

$$d_2 = \alpha\, d_1, \quad x_2 = \alpha\, x_1, \quad y_2 = \alpha\, y_1, \quad z_2 = \alpha\, z_1, \quad t_2 = \beta\, t_1,$$
$$\varrho_2 = \gamma\, \varrho_1, \quad p_2 = \delta\, p_1, \quad \eta_1 = \varepsilon\, \eta_1, \quad w_2 = \mu\, w_1 \quad . \quad . \quad (4).$$

Die Beiwerte α, β, γ, δ, ε und μ sollen nun so gewählt werden, daß für beide Fälle dasselbe Differentialgleichungssystem gilt, die sich ja jetzt noch durch die Indizes 1 und 2 unterscheiden. Sind die Randwerte auch die gleichen (die Geschwindigkeit an der Rohrwand muß null sein), so erhalten wir für beide Fälle dieselbe Lösung.

Für Fall 1 lauten die Gleichungen:

$$\left.\begin{array}{l}\dfrac{\partial u_1{}^1}{\partial t_1} + u_1{}^1 \dfrac{\partial u_1{}^1}{\partial x_1} + \ldots = - \dfrac{1}{\varrho_1}\dfrac{\partial p_1}{\partial x_1} + \dfrac{\eta_1}{3\,\varrho_1}\dfrac{\partial \Theta_1}{\partial x_1} + \dfrac{\eta_1}{\varrho_1}\nabla^2 u^1{}_1 \\[4mm] \cdot \ \cdot \ \cdot \ \cdot \ \cdot \ \cdot \ \cdot \ \cdot \ \cdot \ \cdot \ \cdot \ \cdot \ \cdot \ \cdot \ \cdot \ \cdot \\[2mm] \cdot \ \cdot \ \cdot \ \cdot \ \cdot \ \cdot \ \cdot \ \cdot \ \cdot \ \cdot \ \cdot \ \cdot \ \cdot \ \cdot \ \cdot \ \cdot \end{array}\right\} \quad . \quad . \quad . \quad (5);$$

für Fall 2 tritt an Stelle der Indizes 1 2. Setzt man nun die Beziehungen obiger Gl. (4) ein, so geht die Gleichung Fall 2 über in:

$$\left.\begin{array}{l}\gamma\,\varrho_1\dfrac{\mu}{\beta}\dfrac{\partial u_1{}^1}{\partial t_1} + \gamma\dfrac{\mu^2}{\alpha}\varrho_1\left(u_1{}^1\dfrac{\partial u_1{}^1}{\partial x_1} + u_2{}^1\dfrac{\partial u_1{}^1}{\partial x_1} + \ldots\right) = -\dfrac{\delta}{\alpha}\dfrac{\partial p_1}{\partial x_1} + \dfrac{\varepsilon\mu}{\alpha^2}\dfrac{\eta_1}{3}\dfrac{\partial \Theta_1}{\partial x_1} + \dfrac{\varepsilon\mu}{\alpha^2}\eta_1\nabla^2 u^1{}_1 \\[4mm] \cdot \ \cdot \ \cdot \ \cdot \ \cdot \ \cdot \ \cdot \ \cdot \ \cdot \ \cdot \ \cdot \ \cdot \ \cdot \ \cdot \ \cdot \ \cdot \\[2mm] \cdot \ \cdot \ \cdot \ \cdot \ \cdot \ \cdot \ \cdot \ \cdot \ \cdot \ \cdot \ \cdot \ \cdot \ \cdot \ \cdot \ \cdot \ \cdot \end{array}\right\} (6).$$

Damit beide Gleichungen bis auf einen Faktor gleich sind, muß sein

$$\frac{\gamma\,\mu}{\beta} = \frac{\gamma\,\mu^2}{\alpha} = \frac{\delta}{\alpha} = \frac{\mu\,\varepsilon}{\alpha^2}$$

oder

$$\beta = \frac{\alpha}{\mu}, \quad \delta = \gamma\,\mu^2, \quad \varepsilon = \alpha\,\gamma\,\mu \quad . \quad . \quad . \quad . \quad . \quad . \quad . \quad (7).$$

Wir nehmen nun den Versuch zu Hülfe und setzen für den achsialen Druckabfall

$$-\frac{dp_1}{dx_1} = a\, w_1{}^{n_1}\, \varrho_1{}^{n_2}\, d_1{}^{n_3}\, \eta_1{}^{n_4} \quad . \quad . \quad . \quad . \quad . \quad . \quad . \quad (8).$$

a, n_1, n_2, n_3, n_4 seien konstant.

Solange die Zähigkeit vom Druck unabhängig ist, ändert sich der Druckverlust nicht mit dem Drucke (bei gleicher Dichte), da in der Differentialgleichung nur $\dfrac{\partial p}{\partial x}$, und nicht p vorkommt. Das steht in Einklang mit den Versuchen.

Für Fall 2 ist dann

$$-\frac{dp_2}{dx_2} = a\, w_2{}^{n_1}\, \varrho_2{}^{n_2}\, d_2{}^{n_3}\, \eta_2{}^{n_4} \quad . \quad . \quad . \quad . \quad . \quad . \quad (9).$$

Nach dem Einsetzen der Gl. (4) geht Gl. (9) über in

$$-\frac{\delta}{\alpha}\frac{dp_1}{dx_1} = a\, \mu^{n_1}\, w_1{}^{n_1}\, \gamma^{n_2}\, \varrho_1{}^{n_2}\, \alpha^{n_3}\, d^{n_3}\, \varepsilon^{n_4}\, \eta^{n_4} \quad . \quad . \quad . \quad . \quad (10).$$

Durch Division von Gl. (10) und (8) erhält man die Gleichung:

$$\frac{\delta}{\alpha} = \mu^{n_1}\, \gamma^{n_2}\, \alpha^{n_3}\, \varepsilon^{n_4} \quad . \quad . \quad . \quad . \quad . \quad . \quad . \quad (11).$$

Gl. (11) zusammen mit den Gleichungen (7) liefern den gesuchten Zusammenhang zwischen den Exponenten n_1, n_2, n_3, n_4. β und δ können immer so gewählt werden, daß die ersten beiden Gleichungen von Gl. (7) erfüllt sind. Die dritte Gleichung setzen wir in (10) ein und erhalten:

$$1 = \mu^{n_1-2+n_4} \gamma^{n_2-1+n_4} \alpha^{n_3+1+n_4} \quad \ldots \ldots \quad (12).$$

Diese Gleichung ist nur dann immer erfüllt, wenn die Exponenten 0 sind; also ist

$$\left.\begin{array}{l} n_1 - 2 + n_4 = 0 \\ n_2 - 1 + n_4 = 0 \\ n_3 + 1 + n_4 = 0 \end{array}\right\} \quad \ldots \ldots \ldots \quad (13).$$

Dieses Gleichungssystem kann aus Gl. (8) auch durch das Gleichsetzen der beiderseitigen Dimensionen erhalten werden, wobei der Beiwert a dimensionslos einzuführen ist. Obige Ableitung läßt aber den grundsätzlichen Zusammenhang viel klarer erkennen.

Hieraus folgt

$$\left.\begin{array}{l} n_2 = n_1 - 1 \\ n_3 = -n_4 - 1 = n_1 - 3 \\ n_4 = 2 - n_1 \end{array}\right\} \quad \ldots \ldots \ldots \quad (14),$$

und der Druckabfall wird erhalten in der Form:

$$- \frac{d\,p}{d\,l} = a\,w^n\,\varrho^{n-1}\,d^{n-3}\,\eta^{2-n} \quad \ldots \ldots \ldots \quad (15).$$

Prüfen wir die Gl. (3) nach diesem Verfahren, so finden wir, daß sie nicht in Einklang mit den Differentialgleichungen zu bringen ist. Die Gl. (15) paßt sich auch ausgezeichnet den Versuchen·an. Für Wasser ist Reynolds auf rein experimentellem Wege zu ihr gelangt, lediglich geleitet von der Idee, einen Anschluß an die Formel unter der kritischen Geschwindigkeit zu erhalten. Fritzsche hat durch Versuche den Zusammenhang zwischen dem Geschwindigkeitsexponenten und dem Dichteexponenten für Druckluft gefunden. Der Einfluß der Zähigkeit ist ihm allerdings entgangen. Er untersuchte Luft von 30 bis 100⁰ C, wobei ja auch die Aenderung sehr gering ist. Zur Festlegung des Einflusses des Leitungsdurchmessers verwertete Fritzsche noch eine Reihe früherer Versuche und gelangt zu einem etwas höheren Exponenten, als ihn Gl. (15) verlangt, während Saph und Schoder die Abhängigkeit zwischen den Exponenten der Geschwindigkeit und des Durchmessers für glatte Rohre bestätigen. Wir kommen damit zur Frage nach der Veränderlichkeit des Exponenten n und der Größe a, die beide von der Rauhigkeit des Rohres abzuhängen scheinen. Nach der Auffassung von Fritzsche wäre n überhaupt unveränderlich und nur a veränderlich. Ich kann mich dem aber nicht anschließen. Meines Erachtens nehmen beide mit der Rauhigkeit zu, und zwar ist, wie aus unserer Ableitung hervorgeht, nicht der Wert der Rauhigkeit maßgebend, wie er durch unsere Sinne festgelegt wird, sondern das Verhältnis von Rauhigkeit zu Durchmesser; wir wollen das die relative Rauhigkeit nennen. Wenn also 2 Rohre dieselbe fühlbare Rauhigkeit haben, so müssen wir das größere als das relativ glättere bezeichnen. Unsere Formel bezieht sich auf Rohre verschiedenen Durchmessers und gleicher relativer Glätte. So gelangen wir zu der Erkenntnis, daß der Exponent n unveränderlich bleibt für relativ gleich glatte Rohre. Zwei physisch gleich glatte Rohre geben also verschiedene Exponenten, und zwar wird das größere als das relativ glättere den kleineren Exponenten liefern. Da die fühlbare Rauhigkeit praktisch innerhalb enger Grenzen schwankt, erkennen wir, daß mit zunehmendem Rohrdurchmesser der Einfluß der Rauhigkeit der Rohrwand verschwinden muß.

In Zahlentafel 1 seien einige durch den Versuch gefundene Exponenten n angeführt:

Zahlentafel 1.

O. Reynolds	Bleirohr	$n = 1{,}723$
»	Glasrohr	$1{,}79$
von O. Reynolds berechnet		
nach Versuchen von Darcy	gelötetes Bleirohr	$1{,}78$
	asphaltiertes Schweißeisenrohr	$1{,}82$
	neues Gußeisenrohr	$1{,}88$
	Rohr mit Sinteransatz	$2{,}00$
	wieder gereinigtes Rohr	$1{,}91$
Fritzsche	Gasrohr	$1{,}852$
Saph und Schoder	sehr glatte Rohre	$1{,}75$
	bei starkem Knollenansatz	$1{,}99$
der Verfasser	gezogenes Messingrohr	$1{,}776$

Thermodynamische Grundlagen der Strömung im Rohr.

Findet Wärmeaustausch im Rohre statt, so erhalten wir eine neue, unabhängig Veränderliche, die Temperatur der Flüssigkeit T, abhängig vom Ort und der Zeit.

Zur Bestimmung der 6 unbekannten Funktionen

$$u_1 \qquad u_2 \qquad u_3 \qquad \varrho \qquad p \qquad T$$

treten zu den vier obigen Gleichungen (1) noch die Zustandsgleichung der Flüssigkeit und die zuerst von Fourier, und erweitert auf zähe elastische Flüssigkeiten, von Kirchhoff[1]) aufgestellte Differentialgleichung der Wärmeübertragung in strömenden Flüssigkeiten.

Wir berechnen die Aenderung der Energie, die ein Teil der Flüssigkeit in der Zeit dt erleidet, und vernachlässigen dabei die durch Reibung erzeugte Wärme, die in den meisten technischen Fällen gegen die von außen zugeführte Wärme verschwindend klein ausfällt.

Das Gleichungssystem (1) geht über in

$$\left.\begin{aligned}
\frac{\partial u_1}{\partial t} + u_1 \frac{\partial u_1}{\partial x} + u_2 \frac{\partial u_1}{\partial y} + u_3 \frac{\partial u_1}{\partial z} &= -\frac{1}{\varrho}\frac{\partial p}{\partial x} \\
\frac{\partial u_2}{\partial t} + u_1 \frac{\partial u_2}{\partial x} + u_2 \frac{\partial u_2}{\partial y} + u_3 \frac{\partial u_2}{\partial z} &= -\frac{1}{\varrho}\frac{\partial p}{\partial y} \\
\frac{\partial u_3}{\partial t} + u_1 \frac{\partial u_3}{\partial x} + u_2 \frac{\partial u_3}{\partial y} + u_3 \frac{\partial u_3}{\partial z} &= -\frac{1}{\varrho}\frac{\partial p}{\partial z}
\end{aligned}\right\} \quad \dots \dots \ (1a).$$

Die Kontinuitätsgleichung lautet:

$$\frac{\partial \varrho}{\partial t} + \frac{\partial \varrho u_1}{\partial x} + \frac{\partial \varrho u_2}{\partial y} + \frac{\partial \varrho u_3}{\partial z} = 0$$

oder

$$-\frac{1}{\varrho}\frac{d\varrho}{dt} = \frac{\partial u_1}{\partial x} + \frac{\partial u_2}{\partial y} + \frac{\partial u_3}{\partial z}.$$

Betrachten wir einen Raumteil V, der von der geschlossenen Fläche S begrenzt sei. Das Raumelement sei $d\tau = dx\,dy\,dz$, ein Element der Oberfläche sei ds, und die nach innen gerichtete Normale des Oberflächenelementes habe die Richtungscosinusse l, m, n.

Nach dem Energiegesetz gilt dann für die Energieänderung des Raumteiles V in der Zeit dt, daß die Summe aus der Aenderung der lebendigen Kraft und

---

[1]) Kirchhoff, Vorlesungen über die Theorie der Wärme. Leipzig 1894 S. 113.

der inneren Energie der Flüssigkeit gleich der während dieser Zeit von außen durch Wärmeleitung zugeführten Wärme und der geleisteten Arbeit der äußeren Kräfte ist. Wärme werde in Arbeitseinheiten gemessen.

Wir multiplizieren die dynamischen Gleichungen der Reihe nach mit $u_1\,d\tau$, $u_2\,d\tau$, $u_3\,d\tau$, addieren sie und integrieren über das Volumen V

$$d t \int \varrho \left[\tfrac{1}{2} \frac{d\,(u_1{}^2 + u_2{}^2 + u_3{}^2)}{d t} \right] d\tau = -\,d t \int \left[u_1 \frac{\partial p}{\partial x} + u_2 \frac{\partial p}{\partial y} + u_3 \frac{\partial p}{\partial z} \right] d\tau \quad (16).$$

Das Raumintegral auf der rechten Seite formen wir um. Wir führen eine partielle Integration aus:

$$\iiint u_1 \frac{\partial p}{\partial x}\, dx\, dy\, dz = \iint p\, u_1\, dy\, dz - \iiint p \frac{\partial u_1}{\partial x}\, dx\, dy\, dz \;.\;\; (17).$$

In dem Doppelintegral ist das Produkt $p\,u_1$ für die Schnittpunkte einer Parallelen zur x-Achse mit der Fläche S zu bilden. Es ist

$$dz\,dy = \pm\, l\, ds,$$

wobei für den einen Schnittpunkt das obere und für den anderen das untere Vorzeichen zu nehmen ist. Dann wird

$$\iint p\, u_1\, dy\, dz = -\iint p\, u_1\, l\, ds.$$

Formen wir die übrigen Ausdrücke in gleicher Weise um und addieren, so wird erhalten

$$d t \int \varrho\, \frac{1}{2}\, \frac{d\,(u_1{}^2 + u_2{}^2 + u_3{}^2)}{d t}\, d\tau$$
$$= d t \iint p\,(l u_1 + m u_2 + n u_3)\, ds + \iiint p \left(\frac{\partial u_1}{\partial x} + \frac{\partial u_2}{\partial y} + \frac{\partial u_3}{\partial z} \right) d\tau \quad (16\,\mathrm{a}).$$

Links steht die Aenderung der lebendigen Kraft der Flüssigkeit; das Oberflächenintegral rechts ist die von äußeren Kräften geleistete Arbeit. Das rechte Raumintegral geht mit Benutzung der Kontinuitätsgleichung über in:

$$-\iiint \frac{p}{\varrho}\, \frac{d\varrho}{d t}\, d\tau.$$

Die durch die Oberfläche S in den Raumteil während der Zeit dt geleitete Wärme ist nach dem Fourierschen Grundsatz der Wärmeleitung

$$d q = -\, d t \iint \lambda \frac{\partial T}{\partial \nu}\, d s \;.\;.\;.\;.\;.\;.\;.\;.\; (18).$$

$d\nu$ ist das Längenelement der Normalen im Flächenelement ds und λ die Wärmeleitzahl der Flüssigkeit.

Dieses Integral ist über die ganze Oberfläche S des Raumteiles V auszudehnen. Rein rechnungsmäßig läßt sich das Oberflächenintegral in das über den Raum V ausgedehnte Integral verwandeln:

$$-\, d t \iint \lambda \frac{\partial T}{\partial \nu}\, d s = d t \iiint \left(\frac{\partial\,\lambda \frac{\partial T}{\partial x}}{\partial x} + \frac{\partial\,\lambda \frac{\partial T}{\partial y}}{\partial y} + \frac{\partial\,\lambda \frac{\partial T}{\partial z}}{\partial z} \right) d\tau \;.\;\; (18\,\mathrm{a}).$$

Die Wärmeleitfähigkeit ist von der Temperatur abhängig. Bei der Strömung in Rohren ist die Temperatur im Querschnitt nicht wesentlich verschieden; wir wollen für λ den Mittelwert in dem betrachteten Raumteil nehmen und können λ dann vor das Integralzeichen setzen, so daß die in die Flüssigkeit geleitete Wärme wird:

$$d\,q = \lambda\,dt \iiint \left(\frac{\partial^2 T}{\partial x^2} + \frac{\partial^2 T}{\partial y^2} + \frac{\partial^2 T}{\partial z^2} \right) d\,\tau \quad \ldots \ldots \quad (18\,\mathrm{b}).$$

Die innere Energie u ist für die Masseneinheit der Flüssigkeit

$$u = i - p\,v + C = i - \frac{p}{\varrho} + C \quad . \; . \; \ldots \ldots \quad (19),$$

worin i den Wärmeinhalt der Masseneinheit der Flüssigkeit und C eine Konstante bezeichnet. Ihre Aenderung in dem betrachteten Raumteil wird

$$\iiint \varrho\,du\,d\tau = \iiint \left[\varrho\,di - dp + \frac{p}{\varrho}\,d\varrho \right] d\tau \quad \ldots \ldots \quad (20).$$

Nach diesen Vorbereitungen liefert die Anwendung des Energiesatzes die Beziehung

$$\iiint \left[\varrho\,di - dp + \frac{p}{\varrho}\,d\varrho \right] d\tau = + d\,t \iiint \frac{p}{\varrho}\,\frac{d\varrho}{d\,t}\,d\tau + d\,t \iiint \lambda\,\nabla^2\,T\,d\tau \, . \quad (21).$$

Nehmen wir den betrachteten Teil der Flüssigkeit sehr klein, so erhalten wir die gesuchte Differentialgleichung

$$\frac{d\,i}{d\,t} - \frac{1}{\varrho}\,\frac{d\,p}{d\,t} = \frac{\lambda}{\varrho}\,\nabla^2\,T \quad . \; . \; \ldots \ldots \ldots \quad (21\,\mathrm{a}),$$

oder, ausführlich geschrieben,

$$\frac{\partial i}{\partial t} + u_1 \frac{\partial i}{\partial x} + u_2 \frac{\partial i}{\partial y} + u_3 \frac{\partial i}{\partial z} - \frac{1}{\varrho} \left[\frac{\partial p}{\partial t} + u_1 \frac{\partial p}{\partial x} + \ldots \right] = \frac{\lambda}{\varrho} \left[\frac{\partial^2 T}{\partial x^2} + \frac{\partial^2 T}{\partial y^2} + \frac{\partial^2 T}{\partial z^2} \right] (21\,\mathrm{b}).$$

Diese Gleichung soll jetzt gemeinsam mit den Bewegungsgleichungen dazu benutzt werden, die Frage des Wärmeüberganges in Rohren zu behandeln. Die Gleichung enthält die Komponenten der Geschwindigkeit $u_1\,u_2\,u_3$. Die räumliche Temperaturverteilung und damit der Wärmeübergang sind also von dem Gesetz der Strömung abhängig. Wäre die räumliche Geschwindigkeitsverteilung im Rohre bekannt, so enthielte die Wärmegleichung nur noch die Temperatur und von ihr in gegebener Weise abhängige Größen als Unbekannte, und wir wären der Lösung unserer Aufgabe, die Temperaturverteilung im Rohre festzulegen, um Vieles näher. Aus letzterer könnten wir die von der Rohrwand an die Flüssigkeit übergeleitete Wärme berechnen, womit die Aufgabe des Wärmeüberganges vollständig gelöst wäre.

Die Wärmeleitgleichung kann noch etwas vereinfacht werden. Es gilt

$$d\,i = c_p\,d\,T \quad . \; . \; . \; . \; . \; . \; . \; . \; . \quad (22)$$

für Gase und Flüssigkeiten, wenn c_p die spezifische Wärme der Masseneinheit bei unveränderlichem Druck ist.

Der zweite Summand auf der linken Seite der Differentialgleichung (21a) kann für ein kurzes Rohrstück vernachlässigt werden; sie nimmt dann die einfache Gestalt an:

$$c_p\,\frac{d\,T}{d\,t} = \frac{\lambda}{\varrho}\,\nabla^2\,T \quad . \; . \; . \; . \; . \; . \; . \quad (21\,\mathrm{c}).$$

Wir wollen nun an Hand einiger Tatsachen, die durch unsere Versuche festgelegt wurden, genau so wie oben beim Druckverlust eine Gleichung für den Wärmeübergang ableiten.

Die Wand habe die stets gleiche Oberflächentemperatur T_0. Man versteht dann unter der Wärmeübergangszahl die in der Zeit 1 von der Fläche 1 übergehende Wärme, geteilt durch den Unterschied aus der Wandtemperatur und der mittleren Temperatur der über der Fläche befindlichen Flüssigkeit. Die von der Wand an die Flüssigkeit übergehende Wärme kann anderseits nach Gl. (18) berechnet werden. Setzen wir beide Ausdrücke gleich, so erhalten wir die Beziehung

$$- \lambda_{\text{Wand}}\, d s\, \frac{\partial T}{\partial \nu}\, d t = \alpha\, d s\, d t\, (T_0 - T_m) \quad \ldots \ldots \quad (23),$$

wobei ν die nach innen gerichtete Normale im Flächenelement ds der Wand ist. T_m ist die Mitteltemperatur der Flüssigkeit im Querschnitt, und λ_{Wand} die Wärmeleitzahl der Flüssigkeit an der Rohrwand, welche die Temperatur der Rohrwand hat. Für das Längenelement eines Rohres vom Halbmesser r_0 geht diese Gleichung über in

$$- \lambda_{\text{Wand}}\, 2\, r_0\, \pi\, d x\, \frac{\partial T}{\partial \nu}\, d t = \alpha\, 2\, r_0\, \pi\, d x\, d t\, (T_0 - T_m)$$

oder

$$\alpha = - \frac{\lambda_{\text{Wand}} \left[\dfrac{\partial T}{\partial \nu} \right]_{r = r_0}}{T_0 - T_m} \quad \ldots \ldots \ldots \quad (23\,\text{a}).$$

Das Temperaturgefälle an der Wand ist ein Integral des Differentialgleichungssystems

$$\varrho\, \frac{d u_1}{d t} = - \frac{\partial p}{\partial x} + \frac{\eta}{3} \frac{\partial \Theta}{\partial x} + \eta\, \nabla^2 u_1$$
$$\varrho\, \frac{d u_2}{d t} = - \frac{\partial p}{\partial y} + \frac{\eta}{3} \frac{\partial \Theta}{\partial y} + \eta\, \nabla^2 u_2 \Bigg\} \quad \ldots \ldots \quad (1).$$
$$\varrho\, \frac{d u_3}{d t} = - \frac{\partial p}{\partial z} + \frac{\eta}{3} \frac{\partial \Theta}{\partial z} + \eta\, \nabla^2 u_3$$

$$c_p\, \frac{d T}{d t} = \frac{\lambda}{\varrho}\, \nabla^2 T \quad \ldots \ldots \ldots \quad (21\,\text{c}).$$

Die Randbedingungen verlangen, daß an der Rohroberfläche die Geschwindigkeit null und die Temperatur T_1 ist.

Aus diesem Gleichungssystem ersieht man, daß $\frac{\partial T}{\partial \nu}$, also auch α von folgenden Größen abhängen kann:

vom Durchmesser des Rohres d,

von der mittleren Geschwindigkeit w und der Geschwindigkeitsverteilung über den Querschnitt,

von der Dichte ϱ,

von der Zähigkeit η,

von der spezifischen Wärme c_p,

von der Wärmeleitfähigkeit λ.

Da der Druckabfall und damit auch die Geschwindigkeitsverteilung im Rohr unabhängig ist vom Druck, ändert sich bei gleichbleibender Dichte auch der Wärmeübergang nicht mit dem Druck.

Die Versuche des Verfassers zeigen, daß sich α und damit auch $\frac{\partial T}{\partial \nu}$ darstellen läßt durch ein Produkt von Exponential-Funktionen obiger Größen mit konstanten Exponenten. Wir setzen

$$\frac{\partial T}{\partial \nu} = b\, w^{n_1}\, d^{n_2}\, \varrho^{n_3}\, \lambda^{n_4}\, \eta^{n_5}\, c_p^{n_6}\, (T_0 - T_m) \quad \ldots \ldots \quad (24).$$

Es mögen wieder zwei Fälle unterschieden werden. Einmal ströme eine Flüssigkeit von der Dichte ϱ_1, der Zähigkeit η_1 und der Wärmeleitfähigkeit λ_1 mit der Geschwindigkeit w_1 durch ein Rohr vom Durchmesser d_1. Die Wand habe die Temperatur $T_0{}^1$ und die Flüssigkeit in dem kurzen Rohrstück, das wir betrachten wollen, $T_m{}^1$.

Zu einem zweiten Fall gehören die Indizes 2. Beide Fälle mögen in folgender Beziehung zueinander stehen:

$$x_2 = \alpha\, x_1, \quad y_2 = \alpha\, y_1, \quad z_2 = \alpha\, z_1, \quad d_2 = \alpha\, d_1, \quad p_2 = \delta\, p_1, \quad t_2 = \beta\, t_1 \left.\vphantom{\begin{matrix}a\\a\end{matrix}}\right\} \quad . \quad (25).$$
$$u_2 = \mu\, u_1, \quad \eta_2 = \varepsilon\, \eta_1, \quad c_p{}^2 = \zeta\, c_p{}^1, \quad \lambda_2 = \xi\, \lambda_1, \quad T^2 = \eta\, T^1$$

Setzen wir für den Fall 2 diese Beziehungen in die Differentialgleichung ein, so erhalten wir aus den hydrodynamischen Gleichungen wieder die Bedingungen (7) S. 4:

$$\beta = \frac{\alpha}{\mu}, \quad \delta = \gamma\, \mu^2, \quad \varepsilon = \alpha\, \gamma\, \mu \quad . \quad . \quad . \quad . \quad . \quad (7).$$

Damit die Wärmegleichung sich für beide Fälle nur um einen konstanten Faktor unterscheidet, muß die Beziehung bestehen:

$$\xi = \alpha\, \zeta\, \mu\, \gamma \quad . \quad . \quad . \quad . \quad . \quad . \quad . \quad . \quad (26).$$

Nun ist

$$\frac{\partial\, T_1}{\partial\, \nu_1} = b\, w_1{}^{n_1}\, d_1{}^{n_2}\, \varrho_1{}^{n_3}\, \lambda_1{}^{n_4}\, \eta_1{}^{n_5}\, c_p{}^{1 n_6}\, (T_0{}^1 - T_m{}^1) \quad . \quad . \quad . \quad . \quad (24\text{a})$$

und

$$\frac{\partial\, T_2}{\partial\, \nu_2} = \frac{\varphi}{\alpha}\, \frac{\partial\, T_1}{\partial\, \nu_1} = b\, \mu\, w_1{}^{n_1}\, \alpha\, d_1{}^{n_2}\, \gamma\, \varrho_1{}^{n_3}\, \xi\, \lambda_1{}^{n_4}\, \varepsilon\, \eta_1{}^{n_5}\, \zeta\, c_p{}^{1 n_6}\, \eta\, (T_0{}^1 - T_m{}^1) \quad (24\text{b});$$

beide durcheinander geteilt, liefert die Beziehung

$$1 = \mu^{n_1}\, \alpha^{n_2+1}\, \gamma^{n_3}\, \xi^{n_4}\, \varepsilon^{n_5}\, \zeta^{n_6} \quad . \quad . \quad . \quad . \quad . \quad . \quad (27).$$

Setzt man die Bedingungen

$$\varepsilon = \mu\, \alpha\, \gamma \qquad \text{und} \qquad \xi = \alpha\, \zeta\, \mu\, \gamma$$

ein, so ergibt sich

$$1 = \mu^{n_1+n_4+n_5}\, \alpha^{n_2+1+n_4+n_5}\, \gamma^{n_3+n_4+n_5}\, \zeta^{n_4+n_6} \quad . \quad . \quad . \quad . \quad (28).$$

Diese Gleichung wird für jeden Wert von μ, α, γ und ζ nur dann identisch erfüllt, wenn die Exponenten 0 sind.

$$\left.\begin{aligned} n_1 + n_4 + n_5 &= 0 \\ n_2 + 1 + n_4 + n_5 &= 0 \\ n_3 + n_4 + n_5 &= 0 \\ n_4 + n_6 &= 0 \end{aligned}\right\} \quad . \quad . \quad . \quad . \quad . \quad . \quad (29).$$

Die 4 Gleichungen enthalten 6 Unbekannte. Es lassen sich 4 durch 2 ausdrücken, und wir erhalten

$$\left.\begin{aligned} n_2 &= n_1 - 1 \\ n_3 &= n_1 \\ n_6 &= -n_4 \\ n_5 &= -n_1 - n_4 \end{aligned}\right\} \quad . \quad . \quad . \quad . \quad . \quad . \quad (30).$$

Damit wird

$$\frac{\partial\, T}{\partial\, \nu} = b\, \frac{w^{n_1}\, \varrho^{n_1}\, \lambda^{n_4}}{d^{1-n_1}\, \eta^{n_1+n_4} c_p{}^{n_4}}\, (T_0 - T_m) \quad . \quad . \quad . \quad . \quad . \quad (31).$$

Setzen wir diesen Wert in Gl. (23), S. 9, ein, so erhalten wir die gesuchte Beziehung für den Wärmeübergang:

$$\alpha = b\, \lambda_{\text{Ward}}\, \frac{w^n\, \varrho^n\, c_p{}^m}{d^{1-n}\, \lambda^m\, \eta^{n-m}} \quad . \quad . \quad . \quad . \quad . \quad . \quad (32).$$

Ueber den Zusammenhang zwischen den beiden Exponenten n und m gibt die Wärmeleitgleichung noch einen Aufschluß. Wäre die Geschwindigkeitsverteilung über den Querschnitt unabhängig von der Dichte, wie es unter der kritischen Geschwindigkeit genau ist, und über ihr jedenfalls sehr angenähert der Fall sein wird, so enthält die Wärmeleitgleichung nur die Konstante $\frac{\lambda}{c_p \varrho}$, von der der Wärmeübergang abhängig wäre. In obiger Gleichung müßten dann c_p und ϱ den gleichen Exponenten haben. Es müßte also n gleich m sein. Der Einfluß der Zähigkeit auf den Wärmeübergang verschwindet ganz, und die Gleichung nimmt die einfache Gestalt an:

$$\alpha = b\, \frac{\lambda_{\text{Wand}}}{d^{1-n}} \left(\frac{w\,\varrho\,c_p}{\lambda}\right)^n \quad\quad \ldots \ldots \ldots \quad (32\text{a}).$$

Setzen wir noch für

$$\varrho\,c_p = C_p \quad \ldots \ldots \ldots \ldots \quad (33),$$

die spezifische Wärme pro Volumeneinheit, so ist

$$\alpha = b\, \frac{\lambda_{\text{Wand}}}{d^{1-n}} \left(\frac{w\,C_p}{\lambda}\right)^n \quad\quad \ldots \ldots \ldots \quad (32\text{b}).$$

Es seien jetzt zum Vergleiche die Ergebnisse von Boussinesq[1]) besprochen. Er berechnet die abkühlende Wirkung eines Flüssigkeitstromes von der gleichmäßigen Geschwindigkeit w auf einen gleichmäßig warmen Körper und geht aus von hydrodynamischen Gleichungen und der Wärmeleitgleichung für strömende Flüssigkeiten. Seine Annahmen unterscheiden sich aber dadurch von den oben erläuterten, daß er eine vollkommene Flüssigkeit annimmt und die Strömung abhängig von einem Potential setzt. Er kann für einige Fälle die hydrodynamischen Gleichungen integrieren, also die Geschwindigkeit der Flüssigkeit als Funktion des Ortes festlegen und damit auch die Wärmegleichung lösen. Er findet für den Wärmeübergang die Gleichung

$$\alpha = a\, \sqrt{\frac{\lambda\,c\,w}{L}} \quad \ldots \ldots \ldots \ldots \quad (34).$$

Hierin ist λ die Wärmeleitfähigkeit der Flüssigkeit, c die spezifische Wärme pro Volumeneinheit, w die gleichmäßige Geschwindigkeit des Flüssigkeitstromes. L ist der mittlere Weg der Stromfäden längs des Körpers und a eine Konstante, abhängig von der Gestalt des Körpers.

für a findet Boussinesq z. B. folgende Werte:

Für einen langen Kreiszylinder, dessen Achse senkrecht zur Strömungsrichtung steht: $\frac{4}{\pi} = 1{,}2732$;

für eine dünne Platte, deren Ausdehnung in die Strömungsrichtung fällt·

$$\frac{2}{\sqrt{\pi}} = 1{,}284;$$

für eine Kugel: $1{,}4142$;

für eine Kreisscheibe, senkrecht zum Strom: $\frac{8}{3\sqrt{\pi}} = 1{,}4702$;

für eine Nadel, deren Achse in die Richtung der Strömung fällt:

$$\frac{8}{\pi}\, \sqrt{\frac{2}{3\,\pi}} = 1{,}173;$$

L ist z. B. für den Kreiszylinder vom Halbmesser R

$$L = \pi R$$

______

[1]) Boussinesq a. a. O.

für die Kugel

$$L = \pi R.$$

Boussinesq setzt bei der Berechnung voraus, daß der gesamte Flüssigkeitsstrom sich nur sehr wenig erwärmt, so daß also die mittlere Temperatur der Flüssigkeit längs der Strömung unverändert bleibt. Seine Formeln sind schon deshalb angewandt auf Röhren nur für im Verhältnis zum Durchmesser sehr kurze Rohre anwendbar. L wäre beim Rohr die Länge des Rohres. Trotz der konstanten mittleren Temperatur längs des Rohres nimmt α mit der Länge ab, da ja die warme Flüssigkeit an der Wand entlang fließt.

Der Hauptwiderspruch mit der Wirklichkeit liegt bei Boussinesq in der Annahme der idealen Flüssigkeit und der Potentialbewegung. Da nach Reynolds die kritische Geschwindigkeit, also das Aufhören der Parallelströmung, mit dem steigenden Durchmesser des Rohres abnimmt, so kann bei der Kühlung des Körpers durch einen Luftstrom keine Parallelbewegung eintreten.

Aber auch bei Parallelströmungen gelten diese Formeln nicht, weil in Wirklichkeit kein Gleiten an der Wand stattfindet, wie obige Rechnung voraussetzt. Diesen Einfluß zeigen die Versuche des Verfassers deutlich. Unter der kritischen Geschwindigkeit, also bei Parallelströmung, ist α fast unabhängig von der Geschwindigkeit.

Versuche.

Die Versuchsanordnung ist durch die gestellte Aufgabe vollkommen gegeben. Ein Rohr ist auf eine gewisse hohe Temperatur T_0 zu bringen. Durch das Rohr strömt ein kälteres Gas. Zur Berechnung des Wärmeüberganges sind zu messen: Die Temperatur der inneren Rohroberfläche, die längs eines meßbaren Rohrstückes an das Gas abgegebene Wärme, die mittlere Temperatur des Gases und seine mittlere Geschwindigkeit. Durch die Heizung des Rohres mit einem Wasserdampfmantel wird eine gleichmäßige Oberflächentemperatur erhalten, die nahe an der Sättigungstemperatur des Dampfes liegt. Die Bestimmung der übergegangenen Wärme aus der kondensierten Dampfmenge ist ziemlich unsicher wegen der Schwierigkeit der Feuchtigkeitsmessung des eintretenden Dampfes und der Bestimmung der Wärmeverluste. Ich zog vor, die Wärme auf der Gasseite aus der Temperatursteigerung und der durchströmenden Menge zu bestimmen, die ja zur Festsetzung der Geschwindigkeit sowieso zu messen ist. Dabei ist natürlich die genaue Temperaturmessung des Gasstromes wesentlich.

Bei der großen Zahl von Größen, von denen der Wärmedurchgang in Rohren abhängt, konnte es nicht meine Aufgabe sein, alle Variablen zu ändern; ich beschränkte mich darauf, die einflußreichsten zu bestimmen. Ich ließ Rohrdurchmesser und Oberfläche unverändert, benutzte also für alle Versuche dasselbe Rohr. Gleichmäßig auf 100^0 C wurde auch die Oberflächentemperatur des Rohres gehalten, während die Temperatur des Mediums in geringen Grenzen geändert wurde. Es wurden zunächst Versuche mit Luft vorgenommen, wobei Geschwindigkeit und Druck geändert wurden. Daran schloß sich noch je eine Versuchsreihe gleichbleibenden Druckes, aber veränderlicher Geschwindigkeit mit Leuchtgas und Kohlensäure.

Der Druckabfall im Rohr wurde für durchströmende Luft durch eine Versuchsreihe mit geänderter Luftgeschwindigkeit gemessen.

Die Temperaturmessung in strömenden Gasen.

Die Temperaturmessung in strömenden Gasen hat auch erhebliche praktische Bedeutung, weshalb ich mich etwas näher damit beschäftigen will. Mit

Ausnahme der optischen Verfahren bringt man bei allen Temperaturmessungen einen Körper an die Stelle, deren Temperatur gemessen werden soll, und beobachtet an ihm irgendwelche physikalische Aenderungen, die man vorher empirisch geeicht hat. Die Temperaturmessung ist dann richtig, wenn das Meßgerät die Temperatur des umgebenden Mediums angenommen hat. Es gibt drei Vorgänge, die diese Temperaturgleichheit stören können. Fällt die zu messende Temperatur mit der Raumtemperatur nicht zusammen, so findet längs der Fassung des Thermometers durch Wärmeleitung Temperaturaustausch mit der Umgebung statt; das veranlaßt natürlich einen Temperaturunterschied zwischen dem zu messenden Medium und dem Meßgefäß, was sehr schön durch die Versuche von F. Meißner[1]) veranschaulicht worden ist. Dieser Fehler läßt sich leicht durch geeignete Abmessungen vermindern.

Ein zweiter Fehler wird durch die strömende Bewegung des Mediums verursacht. Sowohl durch Reibung an den Wandungen des Thermometergefäßes wie durch Stoß kann eine schädliche Erwärmung des Thermometers stattfinden. Zeuner kommt auf Grund dieses Fehlers zu dem Schlusse, daß man die Temperatur strömender Medien mit einem körperlichen Instrument nicht messen könnte. Ich glaube aber, daß sich hier durch geeignete Formgebung alles erreichen läßt. Wenn man das Meßgerät mit starker stetiger Krümmung ausführt, z. B. als dünnen Draht, so wird von einem Stoß nicht mehr die Rede sein können. Diese Gestalt hat auch noch auf einen dritten Fehler einen günstigen Einfluß. Ist das zu messende Medium diatherman, d. h. ist es durchlässig für Wärmestrahlen, so findet ein Temperaturaustausch zwischen den Wandungen und dem Meßgefäß statt. Eine einfache Rechnung möge Aufschluß geben über die Größe dieses Fehlers. Im Temperaturgleichgewicht muß die von der Wand an das Meßgerät durch Strahlung übergegangene Wärme gleich der von letzterer an den Flüssigkeitstrom abgegebenen Wärme sein. Erstere ist

$$C \varphi F (T^4 - T_0^4),$$

wenn T die mittlere absolute Temperatur der umgebenden Wandungen, T_0 die Temperatur des Meßgerätes ist. C und φ sind Zahlen, die von der Oberflächenbeschaffenheit und der gegenseitigen Lage von Wand und Meßgerät abhängen; F ist die Oberfläche des Meßgerätes. Ist α die Wärmeübergangzahl vom Meßgerät an das Medium, dessen Temperatur T_x sei, so ist die in der Zeiteinheit an den Strom abgegebene Wärme

$$\alpha F (T_0 - T_x).$$

Beide Produkte sind gleich, woraus $T_0 - T_x$, der gesuchte Fehler, berechnet werden kann. Der erste Blick scheint zu lehren, daß der Fehler unabhängig von der Größe des Meßgerätes ist. Es ist aber zu beachten, daß α von der Größe eines Körpers abhängt derart, daß für kleine Körper α größer wird. Wir wollen ein Beispiel durchrechnen. Das Meßgerät bestehe aus einem Draht von r m Halbmesser, aufgehängt in Raumluft. Hierfür ist

$$\alpha = \frac{0{,}02}{r} \, \text{WE} \, \text{m}^{-2} \, \text{St}^{-1} \, \text{Gr}^{-1}.$$

Setzen wir als Beispiel

$$\begin{aligned} C &= 4 & \varphi &= 1 \\ T &= 373^0\,\text{C} & T_x &= 273^0\,\text{C}, \end{aligned}$$

<hr>

[1]) F. Meißner, Ueber eine Fehlerquelle bei thermo-elektrischen Messungen. Wiener Ber. 1906, 115, IIa. S. 847.

so wird, wenn $2\,r$ der Durchmesser des Meßgerätes ist:

r	0,001 m	0,0001 m
$T_0 - T_x$	16 °C	1,6 °C

Zur Prüfung dieses Ergebnisses sind folgende Versuche ausgeführt worden.

Der Versuchsapparat bestand aus einem 25 cm langen doppelwandigen Zylinder aus Messingblech von 20 cm innerem Durchmesser. Der Mantel konnte mit Dampf geheizt oder mit Wasser gekühlt werden und wurde in einem Zimmer mit möglichst unveränderlicher Temperatur frei im Raume aufgestellt, siehe Fig. 1. Heizt man den Mantel mit Dampf, so wird die Luft im Zylinder erwärmt

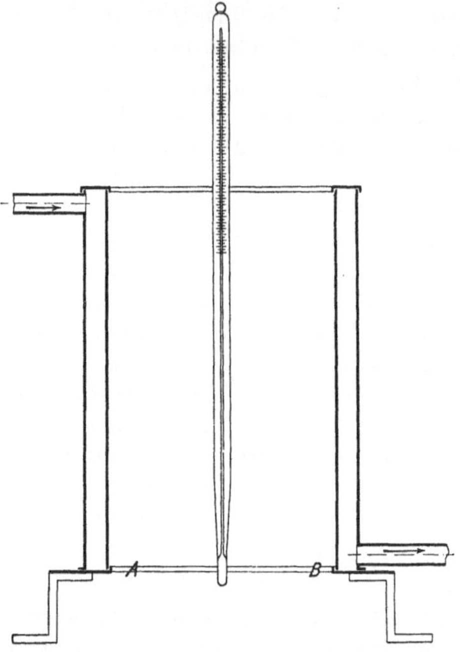

Fig. 1.

und steigt auf. Unterhalb der Ebene $A\,B$, die durch die untere Begrenzung des Zylinders geht, hat sicher die Luft noch ihre ursprüngliche Temperatur. In diese Ebene wurden der Reihe nach verschiedene Meßgeräte gebracht. Beim Versuch wurde der Zylinder abwechselnd mit Dampf geheizt oder durch Wasser gekühlt, und jedes Mal beobachtet.

Die in der Zahlentafel 2 enthaltenen Ablesungen in Skalenteilen zeigen den bedeutenden Einfluß, den die 100 °C heiße Fläche des Messingzylinders auf die Temperaturmessung ausübt. Selbst bei dem dünnen Draht Nr. 7 beträgt sie noch 0,2 °C. Erst durch einen gegen die Lötstelle gerichteten Luftstrom wird der Wärmeübergang so gebessert, daß der Fehler verschwindet.

Wir kommen also zu dem Ergebnis:

Ist das Meßgerät einer heißen strahlenden Wärmequelle ausgesetzt, so kann eine fehlerfreie Temperaturmessung nur mit einem aus dünnem Drahte bestehenden elektrischen Thermometer ausgeführt werden, wobei zu beachten ist, daß der Draht an der Meßstelle wagerecht zu führen ist, wenn es sich um die Temperaturmessung eines in Ruhe befindlichen diathermanen Gases handelt, oder senkrecht zu einem Luftstrom zu stellen ist, dessen Temperatur gemessen werden soll.

Zahlentafel 2.

Nr.	Meßgerät	Temperatur des Zylinders		Bemerkungen
		kalt	warm	
1	Quecksilberthermometer .	12,7	20,1	zylindrisches Gefäß, 25 × 5 mm.
2	Quecksilberthermometer .	12,7	22,5	» » 35 × 12 mm.
3	Thermoelement. . . .	18,0	20,0	die Drähte hatten 0,6 mm Dmr. und waren an der Lötstelle parallel zusammengelötet. Sie gingen von der Lötstelle in der Richtung der Achse des Zylinders nach abwärts. Die andere Lötstelle befand sich in schmelzendem Eis.
4	Thermoelement. . . .	18,0	19,0	die Drähte von 0,6 mm Dmr. waren stumpf gelötet und lagen in der Achse des Zylinders.
5	Thermoelement. . . .	19,5	20,0	das Thermoelement Nr. 4 hatte um die Lötstelle einen Strahlungsschutz aus blankem Kupferblech von 15 mm Dmr.
6	Thermoelement. . . .	17,8	18,2	die Drähte des Thermoelementes Nr. 4 lagen wagerecht. Die Lötstelle war in der Achse des Zylinders.
7	Thermoelement. . . .	95,3	98,1	stumpf gelötetes Thermoelement aus 0,05 mm starken Drähten in wagerechter Lage
8	Thermoelement. . . .	22,45	22,45	durch eine Düse wurde von unten Luft gegen die Lötstelle von Nr. 5 geblasen mit ungefähr 20 m Geschwindigkeit.

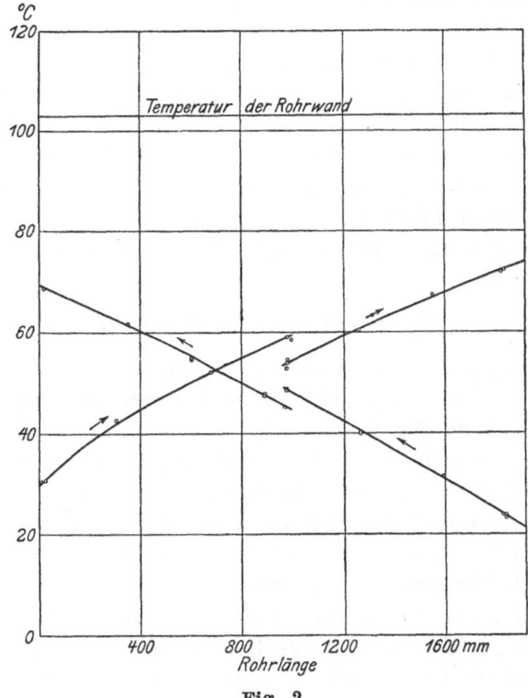

Fig. 2.

Die Durchlässigkeit der Luft für Wärmestrahlen kann die Messung noch auf andere Weise beeinflussen. Unter Annahme praktisch homogener Mischung im Versuchsrohr *C*, siehe Fig. 4, wurde anfangs beabsichtigt, die Erwärmung der Luft durch ein Thermoelement zu messen, dessen eine Lötstelle in der eintretenden Luft sich befindet, während die andere Lötstelle die Temperatur der austretenden Luft messen sollte. Um damit gleichzeitig den axialen Temperaturverlauf festlegen zu können, wurden die Elemente in Richtung des Rohres verschieblich eingebaut. Das aus 0,6 mm starkem Kupfer-Konstantandraht bestehende Element wurde an den Enden durch über die Drähte geschobene Glasröhrchen isoliert und durch 1,2 m lange, 5 mm starke Stahlröhrchen geschoben, über deren Enden die Lötstellen ungefähr 3 cm heraussahen. Die Drähte wurden an einem Ende des Stahlröhrchens durch Schellack eingedichtet. Durch die Stopfbüchse f wurden diese Stahlröhrchen dicht im Rohr befestigt. Mit jeder Lötstelle konnte der Temperaturverlauf in der Achse längs einer Rohrhälfte bestrichen werden. Bei den Vorversuchen, bei denen Druckluft mit gleichbleibender Geschwindigkeit und Anfangstemperatur durch das auf 100 Grad geheizte Rohr strömte, zeigte sich, daß die beiden Zweige des gemessenen Temperaturverlaufes in der Mitte nicht zusammenstießen; es wurde ein Sprung von ungefähr 6 Grad beobachtet. Mehrere Versuche auch mit neuen Elementen führten immer zu dem gleichen Ergebnis. Bei der Umkehrung der Strömungsrichtung im Rohr wurde der gleiche Sprung gemessen, aber jetzt zeigte die andere Lötstelle den kleineren Wert, und zwar lag der Ast am einströmenden Ende immer höher als der Zweig am anderen Ende, siehe Fig. 2. Die Pfeile an den Kurven geben die Stromrichtung der Luft an. Diese Erscheinung kann nur dadurch erklärt werden, daß die Wirbelung im Rohr unvollkommen ist. Das Stahlrohr des Thermoelementes wird von der heißen Rohrwand bestrahlt und gibt diese Wärme an die an seiner Oberfläche entlang strömende Luft ab. Dieser erwärmte Kern wird durch Wirbelung nicht zerstreut, sondern strömt an dem Röhrchen weiter und trifft an dessen Ende die Lötstelle, die dadurch eine Temperatur anzeigt, die weit über der Mitteltemperatur im Querschnitt liegt. Die Temperaturangaben des am Austrittsende befindlichen Thermoelementes sind dagegen richtig, da hier der freie Luftstrom zuerst die Lötstelle trifft. Die sinngemäße Verlängerung des richtigen Astes des Temperaturverlaufes führt durch den Anfangspunkt des flachen Zweiges, denn die Fehler des auf der einströmenden Seite liegenden Thermoelementes werden immer kleiner, je weiter die Meßstelle am Lufteintritt liegt, da dann das Stahlröhrchen immer weniger in den Apparat hineinragt.

Die Versuchseinrichtung.

Der Versuchsapparat, Fig. 3 und 4, bestand aus einem nahtlos gezogenen Messingrohr C von 22,01 mm innerem und 26 mm äußerem Durchmesser, in das die Luft durch das Rohr A ein- und durch das Rohr B austrat. Die Druckluft wurde von dem dreistufigen Kompressor des Laboratoriums geliefert, der eine größte Ansaugemenge von 160 cbm/st hat. Vom Kompressor wurde die Luft in drei in Reihe geschaltete Windkessel mit zusammen 10 cbm Inhalt gedrückt. Durch den zulässigen Höchstdruck der Kessel von 16 at war der Versuchsbereich nach oben begrenzt. Der erste Kessel enthielt ein Drosselventil, um überschüssige Luft abblasen zu lassen und dadurch die schwankende Umlaufzahl des Kompressors auszugleichen. Nach den Druckkesseln strömte die Luft durch eine Kühlschlange; durch die Aenderung der Kühlwassermenge wurde die Eintrittstemperatur der Luft in das Versuchsrohr, das kurz hinter dem Kühler angeschlossen war, gleichbleibend eingeregelt. Am Ende des Versuchsrohres war ein Drosselventil e angebracht zur Regelung der Durchflußmenge. Nach dem Durchströmen eines weiteren Kühlapparates, der die erhitzte Luft auf Zimmertemperatur abkühlte, wurde die Luftmenge mit einer nassen Luftuhr gemessen. Ueber das Messingrohr war ein weites Gasrohr D

Fig. 3.

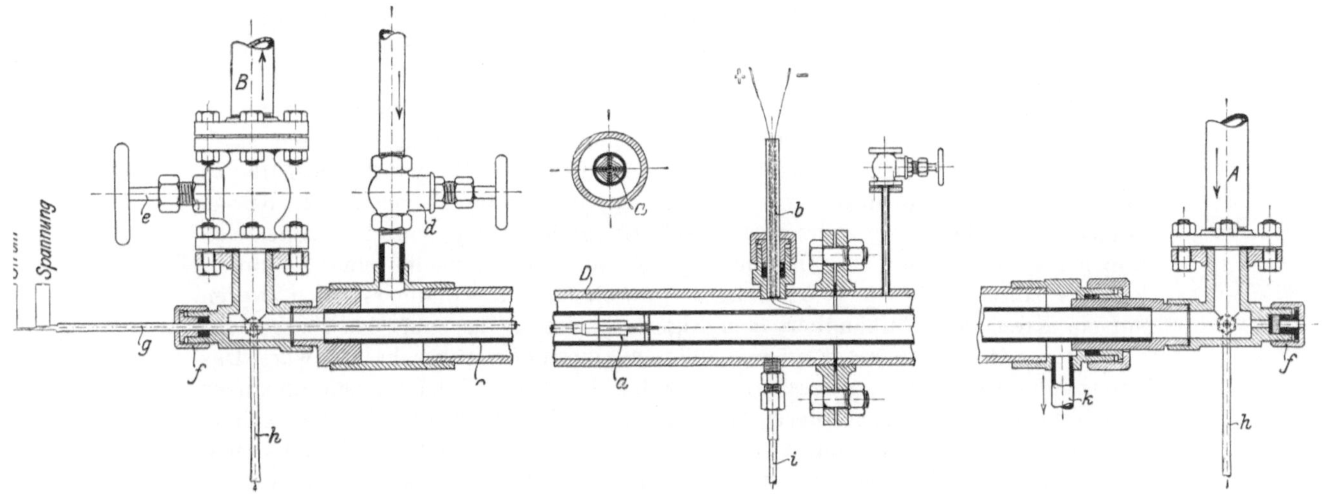

Fig. 4.

geschoben, auf der einen Seite mit dem Messingrohr verschraubt und am andern
Ende in einer Stopfbüchse geführt, um den verschiedenen Ausdehnungskoeffizienten von Eisen und Messing Rechnung zu tragen. Der Zwischen-
raum zwischen beiden Rohren wurde mit Wasserdampf geheizt. Der Dampf
wurde von einem Lokomobilkessel geliefert und trat nach dem Durchgang durch
einen Wasserabscheider durch ein Drosselventil d in den Apparat ein, der außen
noch mit Seidenzopf isoliert war. Mit einem durch das Röhrchen i angeschlossenen Quecksilbermanometer wurde der Dampfdruck gemessen und durch
das Drosselventil auf gleicher Höhe gehalten. An den Dampfraum war bei k ein

kleiner Kessel angeschaltet, der den Zweck hatte, den Dampfraum zu vergrößern, um besser den Druck einregeln zu können. Durch eine Kühlschlange entsrömte das Kondensat dem Apparat. Im Gasrohr war noch ein kleines Ventil c angebracht, um die im Anfang im Apparat befindliche und die später mit dem Dampf kommende Luft abblasen zu lassen.

Bei der Temperaturmessung der Luft im Rohr waren die oben erläuterten Ergebnisse maßgebend. Wir fanden, daß das Meßgerät aus dünnem Draht bestehen, und daß das Gestell desselben mit dem Luftstrom aus dem Apparat herausgeführt werden müßte. Da die übergehende Wärme aus der Temperaturerhöhung der Luft bestimmt wurde, mußte deren Temperatursteigerung genau gemessen werden. Dafür ist die Temperaturverteilung über den Querschnitt entscheidend, und diesbezügliche mit einem Thermoelement vorgenommene Untersuchungen ergaben, daß eine gleichmäßige Temperaturverteilung über den Querschnitt nicht eintritt. Zur Messung der letzteren wurde ein Differentialthermoelement in den Luftstrom eingeführt, das aus einem 1 cm langen Konstantandraht bestand, an den zwei Kupferdrähte angelötet waren; die Kupferdrähte wurden, mit Glasröhrchen isoliert, durch ein Stahlröhrchen geführt und an dessen einem Ende mit Schellack eingedichtet. Der eine Kupferdraht stand 3 cm über das eine Ende des Rohres hervor und lag in dessen Achse. Der zweite Draht wurde Z-förmig abgebogen, so daß sein Ende in der durch das Ende des ersten Drahtes senkrecht zur Rohrachse gehenden Ebene lag. Die Enden waren mit dem Konstantandraht verbunden. Mit diesem Element konnte man durch Drehen des in der Stopfbüchse f gedichteten Stahlröhrchens die Temperaturunterschiede in einem Querschnitt des Rohres zwischen Punkten eines Kreises in 2 mm Abstand von der Rohrwand und dem Mittelpunkt des Querschnittes bestimmen. Es zeigte sich, daß dieser Unterschied bis zu 5° C betrug, aber nicht stets gleich blieb längs des Kreises.

Man könnte versucht sein, Wirbelvorrichtungen vor das Meßgerät einzubauen; aber sie stören vor allem die gleichmäßige Strömung, drosseln stark und sind in ihrer Wirkung schließlich auch unsicher. Es wurde deshalb zu dem einzig sicheren Mittel gegriffen: einem Widerstandsthermometer, dessen Draht sich über den ganzen Querschnitt gleichmäßig verteilt. Chemisch reiner Platindraht von 0,1 mm Dmr. wurde auf die Stirnseite eines Glimmerkreuzes spiralförmig in 4 Windungen gewickelt. Die Glimmerstreifen waren auf ein Kreuz aus Vulkanfiber, a in Fig. 4, genietet, das auf das Ende eines 2 m langen Messingrohres von 5 mm äußerem Durchmesser geschraubt war. Das Kreuz paßte gerade in das Messingrohr, so daß damit das Widerstandsthermometer zentriert war. Das dünne Messingrohr ging durch die Stopfbüchse f am Ende des Rohres C und konnte darin verschoben werden, so daß mit dem Widerstandsthermometer die Temperatur an jeder Stelle im Rohre C gemessen werden konnte. Die Strom- und Spannungsdrähte zur Messung des Widerstandes des Thermometers bestanden aus 0,5 mm starken, doppelt mit Seide umsponnenen Kupferdrähten, die durch das Messingröhrchen geschoben wurden und in der Achse mit dem Platindrahte weich verlötet waren. Das Widerstandsthermometer wurde in Reihe geschaltet mit einem Normalwiderstand von 1 Ohm, einem Akkumulator von 4 Volt Spannung und einem Regulierwiderstand, siehe das Schaltungsschema Fig. 5. Ein Stromwender gestattete, die Stromrichtung zu ändern und dadurch die Thermokräfte aus der Messung zu eliminieren. Die Spannung an den Enden des Widerstandsthermometers und des Normalwiderstandes wurden zu einem thermokraftfreien Umschalter, dessen Kontakte unter Petroleum liefen, geführt. Von diesem führen zwei 1 mm starke Kupferdrähte, die auf Hochspannungsisolatoren gelagert sind, zu dem stationären Kompensator des Laboratoriums. Dieser besteht aus einer Vereinigung des Lindeck-Rotheschen Kompensators mit einem Wolffschen Kompensator. An jenem wird die zu messende Spannung an unveränderlichem Nebenschluß durch Aenderung des Widerstandes im Hauptstromkreis kompensiert, in den ein Normalwiderstand von 100 Ohm geschaltet ist. Der Abzweigwiderstand wird so gewählt, daß die Spannung an den Enden dieses Normalwiderstandes, die sich zu der zu messenden Spannung wie 100 Ohm zu dem Widerstande w_a des Abzweigwiderstandes (0,025 bis 0,5 Ohm) verhält, die Größe von ungefähr 1 Volt erreicht. Diese Spannung wird dann unter Ausnutzung von sämtlichen 5 Dekaden des Wolffschen Kompensators mit der Spannung eines Normal-Weston-Elementes verglichen. Beim Wolffschen Kompensator wird bei unveränderlichem Strom der Abzweigwiderstand geändert. Die Stromstärke wird durch Kompensation des Normalelementes auf 0,0001 Amp eingestellt, so daß der am Wolffschen Kompensator abgelesene Widerstand multipliziert mit $\frac{0,0001\,w_a}{100}$ die gesuchte Spannung in Volt ergibt. Sowohl zur Messung der Spannung am Widerstandsthermometer wie am Normalwiderstand wurde der Strom in derem Stromkreis gewendet. Die Mittelwerte ergaben die gesuchten Spannungen und deren Verhältnis den Widerstand des Thermometers.

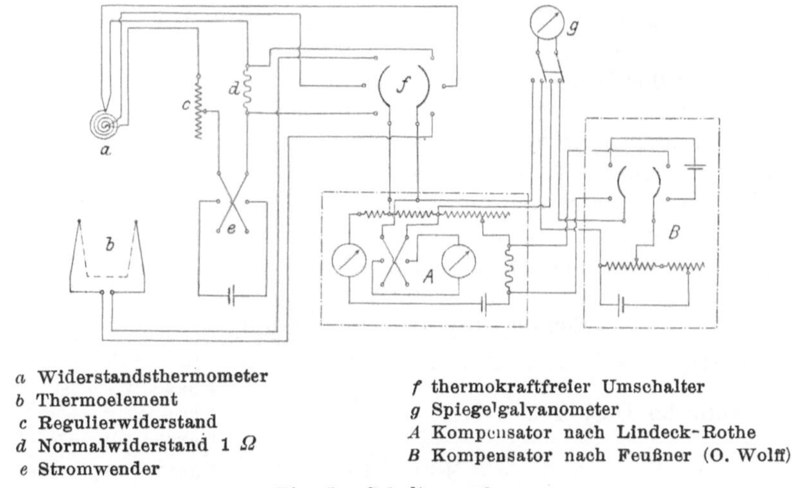

a Widerstandsthermometer
b Thermoelement
c Regulierwiderstand
d Normalwiderstand 1 Ω
e Stromwender

f thermokraftfreier Umschalter
g Spiegelgalvanometer
A Kompensator nach Lindeck-Rothe
B Kompensator nach Feußner (O. Wolff)

Fig. 5.   Schaltungsschema.

Das Widerstandsthermometer wurde durch Vergleich mit einem von O. Wolff, Berlin, gefertigten Normalwiderstandsthermometer, das von der Physikalisch-Technischen Reichsanstalt Berlin an die Wasserstoffskala angeschlossen war, geeicht. Es war vor den eigentlichen Versuchen künstlich gealtert worden, indem es abwechslungsweise in feste Kohlensäure getaucht und nachher durch Strom erhitzt wurde. Aber erst nachdem das Instrument noch einige Tage im Messingrohr zu Vorversuchen benutzt worden war, blieb der Widerstand bei 0° unverändert gleich 1,86930 Ohm.

Das Widerstandsthermometer verengt den freien Querschnitt des Rohres etwas. Je nach der Lage des Instrumentes ändert sich damit der Strömungswiderstand. Im Versuchsbereich war diese Aenderung unmerklich.

Die Temperatur des Messingrohres wurde an seiner Außenseite durch ein angelötetes Thermoelement *b* aus Kupfer-Konstantandraht gemessen. Die Drähte wurden im Dampfraum mit einer dicken Schicht Schellack isoliert und durch ein mit zwei feinen Bohrungen versehenes Porzellanrohr, das in das äußere Gasrohr eingedichtet war, nach Zwischenschaltung der kalten Lötstelle zu dem Umschalter geführt. Die kalte Lötstelle wurde in schmelzendes Eis gebracht. Das Element war durch Vergleich mit dem Normalwiderstandsthermometer geeicht worden.

Der statische Druck im Rohr wurde mit einem bei h angeschlossenen Doppelfeder-Kontrollmanometer von Schäffer & Budenberg gemessen, das mit einem Quecksilbermanometer verglichen worden war. Drücke unter 3 at wurden mit dem Quecksilbermanometer bestimmt.

Die durch den Apparat strömende Gasmenge wurde mit nassen Gasuhren gemessen. Es wurden im Laufe der Versuche 5 verschiedene Uhren benutzt, je eine für 3, 9, 12, 150 und 200 cbm stündliche Gasmenge. Die beiden großen Luftuhren wurden mit der 40 cbm fassenden Gasglocke des Institutes geeicht. In die Glocke ist ein durch einen Elektromotor getriebener Ventilator eingebaut, der für tüchtige Durchwirbelung des Inhaltes sorgt. Die Temperatur der Luft in der Glocke wird mit einem Thermoelement gemessen. An der Glocke sind in lotrechtem Abstande von 0,5 m Marken angebracht, durch die beim Sinken der Glocke elektrische Kontakte geschlossen werden. Dadurch wird ein Stromkreis gebildet, der elektromagnetisch einen Schleppzeiger[1] zum Abschnappen vom Zeiger der Gasuhr bringt und so genau den Stand der Gasuhr für eine bestimmte Senkung der Glocke festlegt. Die Temperatur vor und hinter der Gasuhr sowie der Druck vor der Gasuhr und in der Glocke wurden in entsprechenden Zeiträumen gemessen. Für den Druck der Luft in der Gasuhr wurde der im Eintrittsrohr gemessene Druck gesetzt und für die Temperatur der Luft mangels genauer Kenntnis das Mittel zwischen der Eintrittstemperatur und der Austrittstemperatur der Luft, die sich deshalb nur wenig voneinander unterscheiden dürfen. Eine Abhängigkeit der Konstanten der Gasuhr von der Durchflußgeschwindigkeit ist nicht beobachtet worden.

Eichung der 150 cbm-Gasuhr.

V cbm/st	10	40	150
Konstante der Gasuhr C	1,879	1,883 1,874 1,886	1,880 1,883
Mittel	1,879	1,881	1,883

Gesamtmittel $C = 1,881$.

Eichung der 200 cbm-Gasuhr.

V cbm/st	14	40	60	150	190
Konstante der Gasuhr C	0,997	0,993 0,999 0,997 0,989	0,983 0,986	0,993 0,992	0,988
Mittel	0,997	0,994	0,985	0,992	0,988

Gesamtmittel $C = 0,990$.

Der innere Durchmesser des Messingrohres wurde durch Wasserfüllung zu 22,01 mm gefunden.

---

[1] Nägel, Versuche an der Gasmaschine über den Einfluß des Mischungsverhältnisses. Mitteilungen über Forschungsarbeiten Heft 54.

Bei den Versuchen mit Leuchtgas und Kohlensäure wurde täglich eine dem Windkessel entnommene Gasprobe nach dem Verfahren von Hempel analysiert.

Die Luft tritt aus dem Zuführungsrohr A durch ein Knie in das Messingrohr ein. Die erste Temperaturmeßstelle lag ungefähr 15 cm hinter dem Eck. Durch das scharfe Umbiegen des Luftstromes werden Wirbel erzeugt, zu deren Abklingen eine größere Beruhigungsstrecke nötig ist. Das wird natürlich die Wärmeübertragung beeinflussen. Zur Prüfung dieser Vermutung wurde das Versuchsrohr durch ein 2 m langes, gleiches Messingrohr verlängert. Zur gleichzeitigen Messung des Druckverlustes im Rohr wurde das Beruhigungsrohr mit drei $^1/_2$ mm starken Bohrungen versehen, die innen gut abgerundet wurden. Die erste Druckmeßstelle lag 1 m von der Einströmung entfernt, die beiden anderen folgten in einem Abstande von je $^1/_2$ m. Die Differenzdrücke wurden durch ein Wassermanometer gemessen.

Ausführung der Versuche.

Zunächst wurden die Windkessel bei den Versuchen mit Druckluft auf den gewünschten Druck gefüllt, und dann bei stets gleicher Umlaufzahl des Kompressors durch Regulieren am Drosselventil e die gewünschte Luftmenge eingestellt. Die vom Kompressor überschüssig gelieferte Luft ließ man durch ein Drosselventil am Windkessel entweichen, an dem gleichzeitig auf unveränderlichen Druck bei dem Eintritt in das Versuchsrohr eingeregelt wurde. Das Drosselventil am Austritt aus dem Rohr blieb während des Versuches ungeändert. Am Kühler vor dem Rohr wurde eine beliebige Temperatur durch Regelung des Wasserzuflusses während des Versuches unverändert gehalten; ebenso wurde der Dampfdruck für die Heizung des Versuchsrohres auf einen bleibenden Wert eingeregelt. Der Beharrungszustand war sehr schnell erreicht. Jetzt wurde mit dem Versuch begonnen. Der Stand der Gasuhr, die Temperatur vor und hinter der Gasuhr, der Druck vor der Gasuhr, die Eintrittstemperatur der Luft, der Druck der Luft und der Dampfdruck wurden alle 5 Minuten abgelessn. Die Temperaturmessung im Apparat wurde fortlaufend vorgenommen, und zwar wurde das Widerstandsthermometer zunächst an das Eintrittsende geschoben und sowohl die Spannung am Widerstandsthermometer wie am Normalwiderstand gemessen. Die Lage einer am Messingröhrchen des Widerstandsthermometers angebrachten Marke gegen das Versuchsrohr wurde bestimmt. Hierauf wurde das Widerstandsthermometer an eine andere Stelle des Rohres gebracht und dieselben Beobachtungen vorgenommen. Hieran schloß sich die Temperaturmessung des Messingrohres. Diese 3 Temperaturmessungen wurden für jeden Versuch 4- bis 6 mal wiederholt, wodurch sich die Versuchsdauer von 1 bis 2 Stunden ergab.

Bei den Versuchen mit Leuchtgas wurde das Gas aus der städtischen Gasleitung in den Apparat gepumpt und nach dem Austritt aus der Gasuhr in einem Verbrennungsofen verbrannt.

Für die Bestimmung des Wärmeüberganges an Kohlensäure wurden zunächst die oben erwähnten Druckkessel leer gepumpt, und dann aus den im Handel erhältlichen Bomben Kohlensäure hineingeblasen. Der sich an das Versuchsrohr anschließende Kessel wurde bis auf den beim Versuch gewünschten Druck gefüllt, der andere Windkessel bis auf den Höchstdruck.

Auswertung der Versuche.

Es sei T_0 die stets gleiche Oberflächentemperatur des Rohres, T_1 die mittlere Temperatur der einströmenden Luft, T_2 die Temperatur der Luft im Abstand l

von der ersten Meßstelle, V das Volumen der in der Stunde durch den Apparat strömenden Luft bei 15^0 und 1 at (die aus den Druckkesseln in den Apparat einströmende Luft wurde mit Feuchtigkeit gesättigt angenommen), C_p die spezifische Wärme der Luft bei gleichbleibendem Druck für 1 cbm bei 15^0 und 1 at, die für unsere Zwecke unabhängig vom Druck gesetzt werden kann. Dann ist nach der Definition des Wärmeüberganges für das Längenelement dx des Rohres vom Halbmesser r_0

$$\alpha\, 2\, r_0\, \pi\, dx(T_0 - T) = V\, C_p\, dt,$$

also

$$\alpha = \frac{V\,C_p}{2\,r_0\,\pi\,l} \ln \frac{T_0 - T_1}{T_0 - T_2} \quad \ldots \ldots \ldots \quad (35).$$

Durch die Erwärmung der Luft steigt ihre Geschwindigkeit längs des Rohres, und damit würde α zunehmen; gleichzeitig nimmt aber durch die Temperatur die Dichte ab; die Formel Seite 35 zeigt, daß der Wärmeübergang nur abhängig ist von der durchströmenden Menge, also unveränderlich ist längs des Rohres und nur etwas abnimmt wegen der mit der Temperatur zunehmenden Wärmeleitfähigkeit.

Bei gutem Wärmeübergang im Rohr mußte der Wärmeübergang vom Dampf an die äußere Rohrwand und das Temperaturgefälle in letzterer berücksichtigt werden. Ist r_a der äußere Durchmesser des Rohres, α_a der äußere Wärmeübergang, λ_a das Wärmeleitvermögen des Messings, so ergibt sich, wenn T_a die Temperatur des Dampfes ist, die Beziehung

$$\frac{1}{\alpha\,2\,r_0} + \frac{1}{\alpha_a\,2\,r_a} + \frac{1}{2\,\lambda_m} \ln \frac{r_a}{r_0} = \frac{\pi\,l}{V\,C_p \ln \dfrac{T_a - T_1}{T_a - T_2}} \quad \ldots \ldots \quad (36).$$

λ_m wurde 55 WE st^{-1} m^{-1} Gr^{-1} gesetzt. α_a berechnete sich für mehrere Versuche aus der gemessenen Wandtemperatur im Mittel zu 9500 WE st^{-1} m^{-2} Gr^{-1}, ein Wert, der mit dem von Mollier angegebenen Wert 10000 gut übereinstimmt.

Die Zahlentafel 3 enthält die Beobachtungen für Druckluft. Es ist:

T_1 ^{0}C die Temperatur der Luft an der ersten Meßstelle,
T_2 ^{0}C » » » » » » zweiten » ,
T_0 ^{0}C » » der Rohrwand,
l m der Abstand der beiden Meßstellen,
V cbm/st die stündlich durch das Rohr strömende Luftmenge bei 1 at und 15^0 C,
p_m at der mittlere absolute Druck der Luft längs der Meßstrecke,
T_m ^{0}C die mittlere Temperatur der Luft,
ϱ_m kgcbm^{-1} die mittlere Dichte der Luft, bezogen auf Wasser = 1000,
w msk^{-1} die mittlere Geschwindigkeit der Luft im Rohr,
α WE m^{-2} st^{-1} ^{0}C^{-1} die mittlere Wärmeübergangszahl.

Die Versuchszahlen für Leuchtgas sind in Zahlentafel 4, die für Kohlensäure in Zahlentafel 5 enthalten.

Die mit der Beruhigungsstrecke ausgeführten Versuche sind in Zahlentafel 6 zusammengestellt.

Zahlentafel 3. Versuche mit Druckluft.

Versuchs-Nr.	T_1	T_2	T_0	l	V	p_m	T_m	ϱ_m	w	α
	°C	°C	°C	m	cbm/st	at	°C	kg/cbm	m/sk	
1	68,00	86,52	102,7	0,2700	0,635	1,135	77,3	1,110	0,498	7,33
2	54,42	79,00	102,5	0,4945	1,314	1,135	65,2	1,148	0,994	7,75
3	55,35	75,43	102,7	0,5942	1,871	1,151	64,4	1,167	1,393	7,63
4	46,37	67,08	102,8	0,5990	3,072	1,152	56,7	1,195	2,234	9,57
5	38,42	62,38	103,8	0,5938	5,95	1,155	50,4	1,222	4,23	18,66
6	33,05	58,40	103,5	0,5953	8.86	1,155	45,7	1,240	6,21	27,1
7	31,41	55,93	102,7	0,5906	12,21	1,153	43,7	1,245	8,52	35,7
8	27,30	51,60	102,7	0,5860	17,29	1,153	39,5	1,262	11,89	46,9
9	23,87	48,44	103,0	0,5935	21,96	1,153	36,2	1,275	14,95	56,2
10	23,36	47,15	102,7	0,5983	26,96	1,152	35,3	1,278	18,33	65,5
11	22,24	46,00	102,7	0,5865	29,30	1,153	34,1	1,283	19,80	71,2
12	20,24	44,58	103,3	0,5960	36,39	1,150	32,4	1,289	24,5	86,4
13	20,30	42,90	102,8	0,5880	41,24	1,171	31,6	1,315	27,2	91,7
14	63,69	85,82	103,0	0,3018	0,909	2,070	74,8	2,036	0,388	10,18
15	50,06	71,88	103,0	0,4507	2,392	2,060	61,0	2,110	0,985	11,48
16	39,79	66,69	103,1	0,5985	5,54	2,078	53,2	2,180	2,209	20 90
17	36,17	61,19	102,7	0,5995	10,65	2,043	48,0	2,176	4,25	33,70
18	26,54	51,81	103,0	0,6000	21,57	2,050	39,2	2,253	8,35	58,8
19	60,18	77,70	103,0	0,7870	21,10	2,050	69,0	2,050	8,94	57,3
20	23,88	47,20	102,7	0,5999	33,51	2,031	35,5	2,254	12,92	80,9
21	22,48	44,76	102,7	0,5980	43,42	1,982	33,6	2,211	17,06	97,7
22	20,55	43,24	103,0	0,6063	52,63	2,012	31,9	2,259	20,26	118,4
23	20,35	41,39	103,0	0,6029	68,1	1,787	30,9	2,013	29,40	137,6
24	19,96	40,84	102,8	0,6022	73,2	1,883	30,4	2,122	29,94	146,6
25	48,22	82,15	103,0	0,6012	2,304	3,98	65,2	4,026	0,497	15,11
26	41,44	68,23	103,0	0,6033	4,650	3,98	54,8	4,156	0,973	17,98
27	31,65	57,31	102,4	0,6023	10,85	3,98	44,5	4,29	2,195	32,95
28	25,60	50,72	103,1	0,6080	21,05	3,98	38,2	4,38	4,18	55,7
29	22,06	45,59	102,8	0,6055	38,86	3,97	33,8	4,43	7,62	91,1
30	20,52	43,27	102,7	0,6178	55,60	3,96	31,9	4,45	10,87	124,8
31	18,42	40,63	103,0	0,6145	75,8	3,93	29,5	4,44	14,85	156,4
32	47,88	64,95	103,0	0,7668	76,0	3,93	56,4	4,08	16,17	152,7
33	18,06	39,39	102,9	0,6165	94,6	3,88	28,7	4,40	18,68	185,7
34	17,74	38,65	102,9	0,6170	107,4	3,88	28,2	4,40	21,16	205,2
35	43,56	82,70	103,0	0,5961	2,941	7,02	63,1	7,12	0,365	21,33
36	35,81	65,52	103,0	0,5970	5,54	7,02	50,7	7,42	0,648	22,15
37	28,57	55,75	103,0	0,5984	10,06	7,02	42,2	7,62	1,148	31,29
38	25,13	49,93	102,9	0,5980	19,65	7,02	37,5	7,73	2,210	53,7
39	22,22	45,71	102,7	0,5995	37,67	7,02	34,0	7,82	4,183	89,4
40a	21,13	39,74	102,7	0,5008	57,87	7,05	30,4	7,95	6,34	124,0
40b	39,74	53,40	102,7	0,4947	57,87	7,05	46.6	7,54	6,68	118,3
41	19,03	39,32	102,8	0,5988	84,47	6,97	29,2	7,91	9,27	162,9
42	18,12	39,67	102,8	0,6050	87,6	6,97	28,9	7,90	9.63	177,0
43	47,56	63,19	102,8	0,7123	87,2	6,97	55,4	7,26	10,43	169,2
44	18,18	37,79	102,8	0,6020	129,3	6,96	28,0	7,91	14,19	237,5
45	17,12	36,17	102,6	0,6066	154,9	6,92	26,6	7,90	17.03	270,4
46	32,82	64,50	102,7	0,5985	6,407	10,02	48,7	10,66	0,522	26,5
47	27,73	54,22	102,6	0,6096	13,22	10,02	41,0	10,92	1,053	38,8
48	21,48	44,58	102,6	0,5972	30,60	10,02	33,0	11,20	2,423	72,1
49	20,58	42,08	102,0	0,6017	62,15	9,99	31,3	11,23	4,804	129,5
50	18,97	39,20	102,7	0,6027	88,28	9,97	29,2	11,32	6,79	168,5
51	19,45	39,54	102,3	0,6017	89,00	9,97	29,5	11,27	6,86	169,6
52	19,04	39,12	102,4	0,6008	91,85	10,00	29,1	11,32	7,05	174,4
53	18,08	38,46	102,2	0,5880	93,80	10,01	28,3	11,37	7,17	181,0
54	16,57	35,38	102,0	0,5863	132,1	9,98	26,0	11,41	10,04	233,0
55	16,83	32,53	102,0	0,5015	144,2	9,90	24,7	11,38	11,00	244,4
56	16,82	35,95	101,3	0,5853	161,2	9,98	26,4	11,41	12,06	294,5
57	46,74	58,55	101,3	0,5592	161,3	9,98	52,6	10,48	13,36	289,0
58	28,40	59,85	102,9	0,6004	8,85	13,03	44,1	14,06	0,547	33,1
59	24,93	51,37	102,7	0,5990	16,99	13,03	38,2	14,31	1,031	48,4
60	20,63	43,65	102,8	0,6000	47,08	13,03	32,1	14,60	2,800	106,5

Zahlentafel 3. (Fortsetzung).

Ver-suchs-Nr.	T_1	T_2	T_0	l	V	p_m	T_m	ϱ_m	w	α
	^{0}C	^{0}C	^{0}C	m	cbm/st	at	^{0}C	kg/cbm	m/sk	
61	17,90	39,17	102,6	0,6010	90,8	13,03	28,5	14,78	5,36	186,5
62	17,31	37,79	101,9	0,5991	126,4	13,01	27,5	14,80	7,42	241,0
63	17,53	37,12	101,5	0,6002	140,5	13,00	27,3	14,80	8,25	257,8
64	30,84	65,85	103,0	0,5990	8,12	16,06	48,3	17,10	0,413	36,8
65	26,22	52,77	103,0	0,6027	17,93	16,06	39,4	17,55	0,885	51,8
66	63,22	79,78	103,0	0,7137	16,00	16,06	71,5	15,93	0,871	49,3
67	20,41	43,45	102,5	0,6059	46,90	16,06	31,9	18,02	2,261	104,7
68	17,81	38,76	102,0	0,6020	95,4	16,06	29,3	18,16	4,56	186,3
69	17,93	37,97	101,0	0,6043	127,6	16,06	28,0	18,25	6,07	238,0

Zahlentafel 4. Versuche mit Leuchtgas.

Mittlere Zusammensetzung des Leuchtgases:

Kohlensäure CO_2 . . .   3,1 vH

Benzol C_6H_6 . . . .   0,2 »

Aethylen C_2H_4 . . . .   2,8 »   Hieraus ergibt sich:

Sauerstoff O_2 . . . .   1,0 »   Die Dichte $\varrho = 0{,}517$ kg/cbm 1 at 15^0 C,

Kohlenoxyd CO . . .   14,9 »   » spez. Wärme für 1 kg $c_p = 0{,}612$,

Wasserstoff H_2 . . .   51,5 »   »   »   »   » 1 cbm 1 at 15^0 C $C_p =$

Methan CH_4 . . . .   21,2 »   0,316.

Stickstoff N_2 . . . .   5,3 »

100,0 vH

Ver-suchs-Nr.	T_1	T_2	T_0	l	V	p_m	T_m	ϱ_m	w	α
	^{0}C	^{0}C	^{0}C	m	cbm/st	at	^{0}C	kg/cbm	m/sk	
70	62,44	81,13	103,3	0,1946	1,111	1,097	71,8	0,474	0,887	16,0
71	52,22	75,90	103,4	0,3025	1,912	1,095	64,1	0,483	1,505	18,2
72	42,36	73,56	103,3	0,6044	3,576	1,088	58,0	0,489	2,804	19,7
73	42,16	71,49	102,9	0,6031	4,002	1,095	56,8	0,494	3.064	19,9
74	36,11	64,66	103,0	0,6041	5,933	1,100	50,3	0,507	4,491	24,88
75	33,16	63,62	103,5	0,6042	7,220	1,088	48,4	0,504	5,420	31,03
76	30,49	62,80	102,7	0,6037	10,18	1,075	46,6	0,501	7,680	45,60
77	28,83	60,95	102,9	0,6038	13,08	1,108	44,9	0,519	9 526	55,22
78	28,23	59,51	102,8	0,6021	15,97	1,080	43,9	0,508	11,90	66.2
79	26,51	57,02	102,8	0,6037	20,39	1,079	41,8	0,511	15,09	79,1
80	25,69	54,74	102,7	0,6020	26,37	1,078	40,2	0,512	19,46	95,3
81	23,14	51,34	102,8	0,6032	33,67	1,072	37,2	0,515	24,75	111,9

Zahlentafel 5. Versuche mit Kohlensäure.

Das Gas bestand im Mittel aus 96,3 vH CO_2 und 3,7 vH Luft.
Dichte $\varrho = 1{,}781$ kg/cbm bei 1 at und 15^0 C.   Spez. Wärme für 1 kg $c_p = 0{,}211$,
spez. Wärme für 1 cbm 1 at 15^0 C $C_p = 0{,}376$.

Ver-suchs-Nr.	T_1	T_2	T_0	l	V	p_m	T_m	ϱ_m	w	α
	^{0}C	^{0}C	^{0}C	m	cbm/st	at	^{0}C	kg/cbm	m/sk	
82	51,50	65,74	103,1	0,2899	1,643	1,118	58,6	1,730	1,238	9,78
83	40,65	66,83	103,0	0,5970	2,642	1,116	53,7	1,755	1,960	12,89
84	37,56	63,26	103,0	0,6032	4,267	1,123	50,4	1,783	3,117	18,89
85a	34,72	56,01	103,0	0,5005	6,84	1,115	45,4	1,796	4,96	27,35
85b	56,01	69,89	103,0	0,4845	6,84	1,115	63,0	1,702	5,26	26,45
86	33,56	57,72	103,1	0,5937	8,27	1,116	45,6	1,798	6,00	31,85
87	28,17	51,73	103,0	0,6010	13,45	1,105	40,0	1,814	9,67	45,3
88	25,27	48,40	102,8	0,6017	18,25	1,089	36,8	1,804	13,19	57,6
89	22,27	43,28	103,0	0,6068	31,81	1,200	32,8	2,013	20,58	84,7
90	21,14	42,21	102,8	0,6082	34,90	1,237	31,7	2,083	21,81	91,7

Zahlentafel 6. Versuche mit Druckluft bei Anwendung der Beruhigungsstrecke.

Ver-suchs-Nr.	T_1 °C	T_2 °C	T_0 °C	l m	V cbm/st	p_m at	T_m °C	ϱ_m kg/cbm	w m/sk	α
91	46,44	79,76	103,1	0,2910	0,655	1,170	63,1	1,190	0,478	8,20
92	27,92	58,55	103,2	0,3465	1,347	1,166	43,2	1,261	0,903	8,27
93	30,82	59,06	103,1	0,4675	1,970	1,153	45,0	1,241	1,386	8,51
94	27,74	49,57	103,2	0,4530	3,170	1,156	38,7	1,269	2,170	9,73
95	24,24	53,67	103,3	0,6133	6,220	1,161	39,0	1,273	4,24	19,29
96	23,37	52,22	103,1	0,6245	8,504	1,167	37,8	1,285	5,75	24,95
97	19,70	48,58	102,9	0,6368	11,98	1,164	34,2	1,255	8,29	32,75
98	18,29	44,78	102,8	0,6438	19,65	1,163	31,5	1,307	13,06	46,8
99	17,69	53,42	103,1	1,0590	31,27	1,164	35,6	1,291	21,06	65,3
100	12,73	51,40	103,1	1,1300	36,20	1,167	32,1	1,309	24,05	73,0

Zahlentafel 7. Messung des Druckabfalles im Messingrohr.
Länge der Meßstrecken: 12: 0,4997 m, 23: 0,4992 m, 13: 0,9989 m.

| Ver-suchs-Nr. | Meßstellen | | | V | p | T | w | Druckab-fall $\varDelta$ für 1 m | Dichte ϱ | $y = \varDelta\varrho$ | $\log V$ | $\log y$ | $\dfrac{\varDelta}{w}$ | $w\varrho$ |
| | 12 | 23 | 13 | | | | | | | | | | | |
	mm Wassersäule			1 at 15°				mmW.-S.						
1	—	—	1,652	5,84	1,055	289,1	4,06	1,655	1,246	2,062	0,7664	0,3143	0,4076	5,060
2	—	—	3,931	9,62	1,055	289,0	6,69	3,936	1,247	4,907	0,9832	0,6908	0,5885	8,340
3	—	—	7,764	14,01	1,053	300,9	9,82	7,773	1,239	9,63	1,1464	0,9836	0,7918	12,16
4	5,775	5,591	11,340	17,43	1,055	288,0	12,16	11,36	1,251	14,21	1,2413	1,1526	0,9340	15,21
5	11,7	11,2	22,8	25,90	1,093	287,6	17,33	22,9	1,298	29,7	1,4133	1,4727	1,3215	22,50
6	18,7	17,8	36,7	34,85	1,138	286,0	22,22	36,6	1,356	49.6	1,5422	1,6959	1,647	30,13
7	35,7	34,1	69,8	54,50	1,273	286,5	31,15	69,9	1,517	106,0	1,7364	2,0253	2,244	47,25
8	50,3	48,3	98,2	69,00	1,391	285,8	35,98	98,5	1,663	163,8	1,8388	2,2143	2,738	59,85
9	87,8	84,3	172,3	111,4	1,848	284,5	43,5	172,4	2,217	382,2	2,0469	2,5823	3,964	96,4
10	113,5	108,9	223,0	141,1	2,205	286,2	46,5	222,9	2,638	588,0	2,1495	2,7694	4,793	122,6

Versuchsergebnisse.

Wir wollen den Einfluß der verschiedenen geänderten Größen auf den Wärmeübergang gesondert betrachten.

Die Abhängigkeit des Wärmeüberganges von der Geschwindigkeit.

In das Schaubild Fig. 6 sind für Luft die Versuchspunkte eingetragen. Fig. 7 und 8 enthalten die Versuchspunkte der Versuche mit Kohlensäure und Leuchtgas. Die einzelnen Versuchsreihen wurden ungefähr bei gleichem Druck und gleicher Temperatur ausgeführt. Wir sehen zunächst die schon bekannte starke Zunahme des Wärmeüberganges mit der Geschwindigkeit. Bei den Kurven geringen Druckes zerfällt der Verlauf in zwei Aeste, die durch einen sanften Uebergang ineinander übergehen. Dieser Knick gibt die Größe der kritischen Geschwindigkeit an, und wir erhalten das Ergebnis, daß durch die Aenderung des Strömungsgesetzes im Rohr die Abhängigkeit des Wärmeüberganges von der mittleren Geschwindigkeit wesentlich beeinflußt wird. Bei der unter der kritischen Geschwindigkeit stattfindenden Parallelströmung der Flüssigkeit ist der Wärmeübergang nahezu unabhängig von der Geschwindigkeit, während er nach eingetretener Wirbelung stark wächst.

Reynolds beobachtete zwei kritische Geschwindigkeiten bei der Strömung von Wasser durch Röhren: die obere, wenn die Flüssigkeit aus vollkommener Ruhelage durch eine sanfte Abrundung in das Rohr eintrat, und die untere kritische

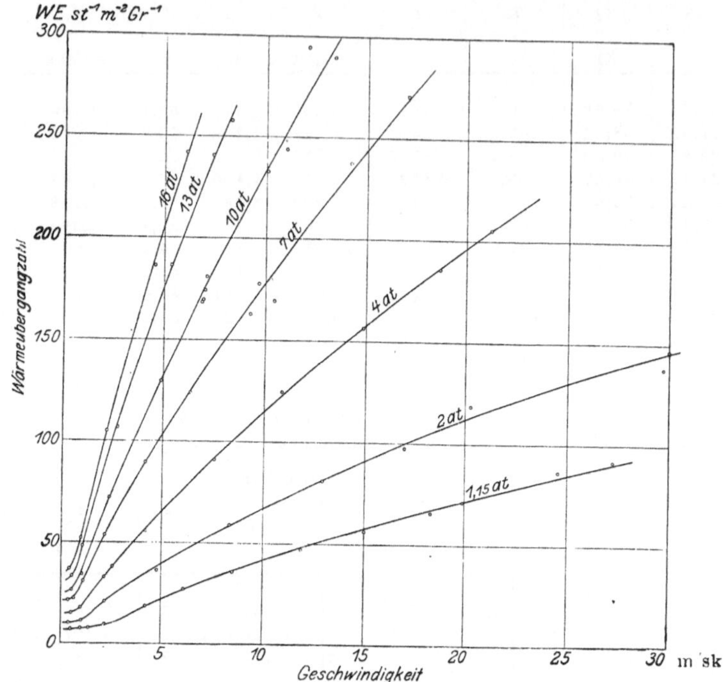

Fig. 6. Wärmeübergang an Druckluft.

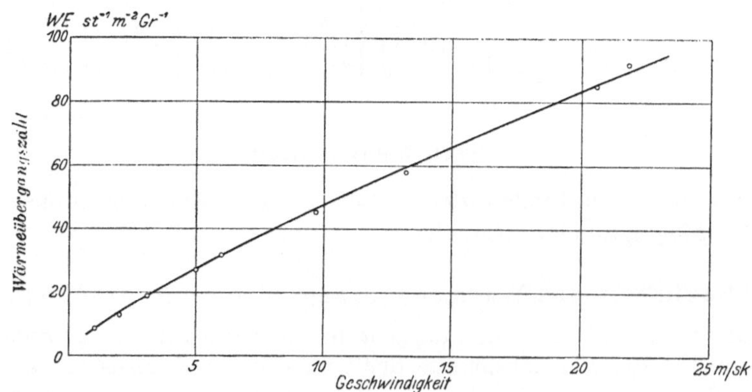

Fig. 7. Wärmeübergang an Kohlensäure.

Geschwindigkeit, wenn die Flüssigkeit durch eine Drosselstelle in das Rohr einströmte. Er fand für die untere kritische Geschwindigkeit die Beziehung

$$\frac{d\,w_k\,\varrho}{\eta} \infty 2000 \quad \ldots \ldots \ldots \ldots \quad (37),$$

in C. G. S.-System gerechnet, während die obere 6,34 mal so groß war. Die Versuche von Becker[1]) über die Strömungsvorgänge in ringförmigen Spalten

---

[1]) Becker, Mitteilungen über Forschungsarbeiten, Heft 48.

zeigten, daß bei Gasen kein so schroffer Uebergang aus einer Bewegungsform in die andere wie bei Wasser eintritt, was wahrscheinlich mit der Ausdehnung des Gases längs des Rohres zusammenhängt, die bei unseren Versuchen durch die Erwärmung noch vergrößert wird. Beide Zweige gehen durch einen allmählichen Verlauf ineinander über. Verlängert man die beiden Zweige in Fig. 6 bis zu ihrem Schnittpunkt, so kann diese Geschwindigkeit als kritische Geschwindigkeit betrachtet werden. Sie liegt bei 2,0 m. Die untere Reynoldssche kritische Geschwindigkeit wäre für diesen Fall 1,60 m.

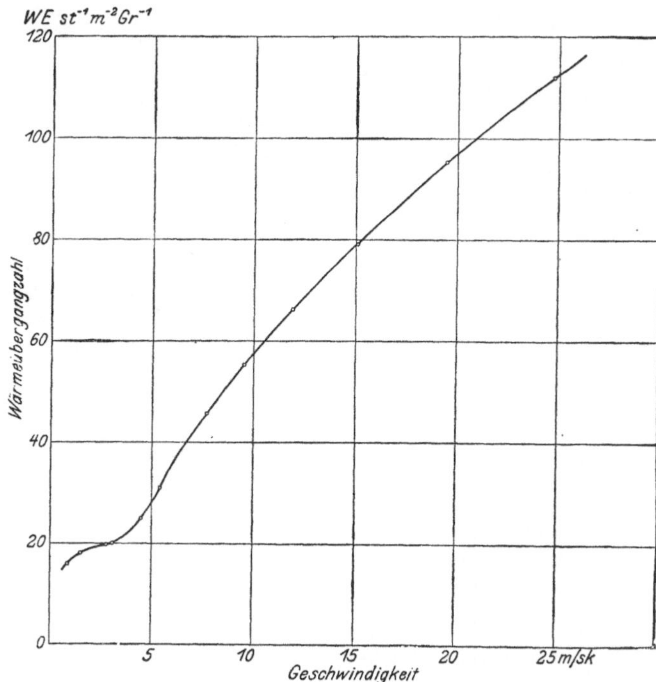

Fig. 8. Wärmeübergang an Leuchtgas.

Für Leuchtgas betrug die kritische Geschwindigkeit 4,0 m.

Für größere Drücke, also größere Dichte, wurde die kritische Geschwindigkeit im umgekehrten Verhältnis kleiner.

Die Versuche mit Luft bei einer Atmosphäre Druck wurden nach Vorschalten der Beruhigungsstrecke vor das Meßrohr wiederholt. Die kritische Geschwindigkeit wurde dadurch nicht geändert. Der Wärmeübergang über der kritischen Geschwindigkeit wurde, wie zu erwarten, etwas kleiner und unter ihr merkwürdigerweise etwas größer wie ohne Beruhigungsrohr, s. Zahlentafel 6.

Bei der Darstellung der Ergebnisse durch eine Formel wollen wir uns auf die Zustände oberhalb der kritischen Geschwindigkeit beschränken, die ja in praktischen Fällen meist vorliegen. Gehen wir von der Exponentialfunktion

$$\alpha = A w^m \qquad \qquad (38)$$

aus. Es gibt ein sehr anschauliches Verfahren, um zu prüfen, wie weit sich eine durch Versuch gefundene Punktreihe durch eine Exponentialfunktion ausdrücken läßt. Trägt man die Logarithmen zweier derart voneinander abhängiger Größen in einem rechtwinkligen Achsenkreuz auf, so liegen die Punkte auf einer Geraden, deren Neigung den Exponenten ergibt, und deren Abschnitt auf der Ordinatenachse der Logarithmus des Beiwertes ist.

In dem Schaubild Fig. 9 sind die Logarithmen sämtlicher Versuchspunkte eingetragen. Man sieht, daß sowohl über wie unter der kritischen Geschwindigkeit die Punkte ausgezeichnet auf einer Geraden liegen, daß also der Wärmeübergang abhängig von der Geschwindigkeit als Exponentialfunktion dargestellt werden kann.

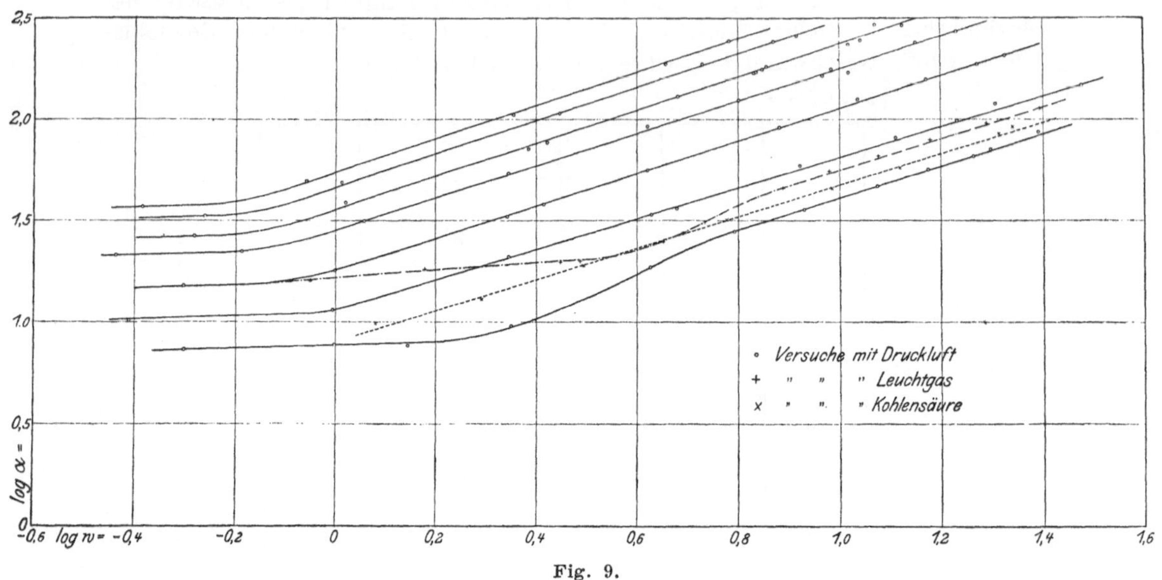

Fig. 9.

Die Bestimmung der Konstanten der Gleichung erfolgte aber nicht zeichnerisch, sie wurden vielmehr, um ganz objektiv zu sein, nach der Methode des Minimums der Summe der Fehlerquadrate berechnet. Gleicht man nicht die Fehler von α, sondern von $\log \alpha$ aus, so wird dadurch erreicht, daß sämtlichen Werten dieselbe prozentuale Genauigkeit beigesprochen wird.

Es ist nach Gl. (38)

$$\log \alpha = \log A + m \log w \qquad \ldots \ldots \ldots \text{(38a)}.$$

Damit

$$\Sigma \left[\log \alpha - \log A - m \log w\right]^2$$

ein Minimum wird, müssen die partiellen Ableitungen dieses Ausdruckes nach $\log A$ und m verschwinden, wodurch wir zwei Gleichungen mit den beiden Unbekannten $\log A$ und m erhalten:

$$\left.\begin{array}{l} \Sigma \log \alpha - \Sigma \log A - \Sigma m \log w = 0 \\ \Sigma \log \alpha \log w - \log A \, \Sigma \log w - m \, \Sigma \log^2 w = 0 \end{array}\right\} \quad \ldots \text{(39)}.$$

Hieraus ergibt sich

$$m = \frac{z \, \Sigma \log \alpha \log w - \Sigma \log \alpha \, \Sigma \log w}{z \, \Sigma \log^2 w - \Sigma^2 \log w} \qquad \ldots \ldots \text{(40)},$$

wenn z die Anzahl der Versuche ist.

Bei den Versuchsreihen konnte die Dichte für die einzelnen Versuche nicht ganz unverändert erhalten werden. Sie wurde auf die mittlere Dichte der Versuchsreihe mit der für die Abhängigkeit von der Dichte gefundenen Beziehung umgerechnet.

Die Ergebnisse sind in der Zahlentafel 8 zusammengestellt.

Zahlentafel 8.

Medium	Dichte	m	Zahl der Versuche
Druckluft	1,273	0,7982	8
»	2,146	0,7485	11
»	4,366	0,7845	8
»	7,861	0,7726	8
»	11,12	0,7975	12
»	14,66	0,7990	5
»	17,56	0,7654	5
Leuchtgas	0,509	0,7991	7
Kohlensäure	1,851	0,7559	8

Wir ersehen daraus, daß der Exponent der Geschwindigkeit innerhalb der Genauigkeitsgrenzen unabhängig von der Dichte und dem Gase ist.

Aus den Versuchen mit Luft ergibt sich als Mittelwert

$$m = 0{,}7801 \qquad \ldots \ldots \ldots \ldots \qquad (41).$$

Bei der Mittelwertbildung wurde jeder Wert mit der Anzahl der Versuche belastet in Rechnung gesetzt.

Die Abhängigkeit des Wärmeüberganges von der Dichte.

Nach der Bestimmung des Exponenten m wurden die Beiwerte A für jede Versuchsreihe berechnet, indem die Summe der Fehler von $\log a$ zu einem Minimum gemacht wurde.

Bei z Versuchen jeder Versuchsreihe wird dann

$$\log A = \frac{\Sigma \log a - m \, \Sigma \log w}{z} \qquad \ldots \ldots \ldots \ldots \qquad (42).$$

Die Werte für Druckluft sind in der Zahlentafel 9 enthalten. Trägt man die Werte von A über der Dichte auf, Fig. 10, so sieht man die starke Zunahme des Wärmeüberganges mit der Dichte des strömenden Gases[1]). Es liegt nahe, zu versuchen, die Abhängigkeit der Größe A von ϱ als Exponentialfunktion darzustellen.

Zahlentafel 9.

ϱ	A	$\log \varrho$	$\log A$
1,273	6,8265	0,1049	0,8342
2,146	10,832	0,3317	1,0347
4,366	18,681	0,6401	1,2714
7,861	29,269	0,8955	1,4664
11,12	38,080	1,0461	1,5807
14,66	49,080	1,1661	1,6909
17,56	56,715	1,2445	1,7537

In Fig. 11 sind deshalb die Logarithmen von A und ϱ in ein rechtwinkliges Achsenkreuz eingetragen. Die Punkte liegen ausgezeichnet auf einer Geraden, deren Konstanten nach der Methode der kleinsten Quadrate berechnet wurden.

Wir gelangen zu folgender Formel für den Wärmeübergang an Druckluft

$$a = A w^m, \quad A = B \varrho^n \qquad \ldots \ldots \ldots \ldots \qquad (43).$$

---

[1]) Für die Dichte kleiner als eins wird die Abnahme von a mit abnehmender Dichte durch Versuche von Josse bestätigt. Zeitschrift des Vereines deutscher Ingenieure 1909 S. 329.

Der Exponent ergab sich zu

$$n = 0{,}7936 \quad\ldots\ldots\ldots\ldots\ldots \quad (44)$$

und der Beiwert zu

$$B = 5{,}768 \quad\ldots\ldots\ldots\ldots \quad (44\mathrm{a}).$$

Für den Exponenten, der die Abhängigkeit des Wärmeüberganges von der Geschwindigkeit angibt, hatten wir auf Seite 29 gefunden

$$m = 0{,}7801 \quad\ldots\ldots\ldots\ldots \quad (45).$$

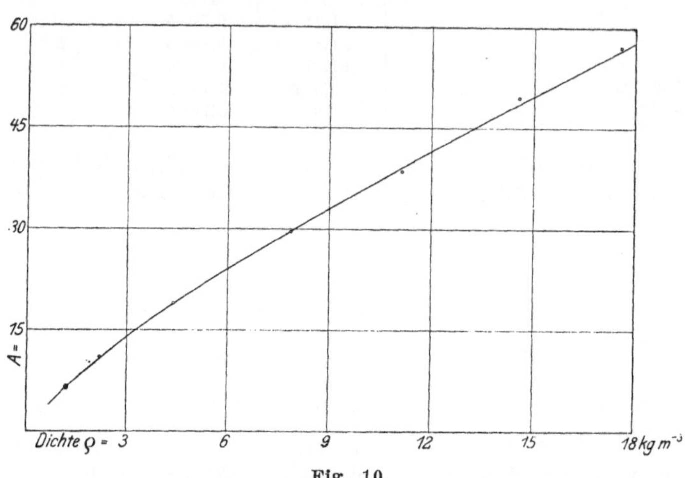

Fig. 10.

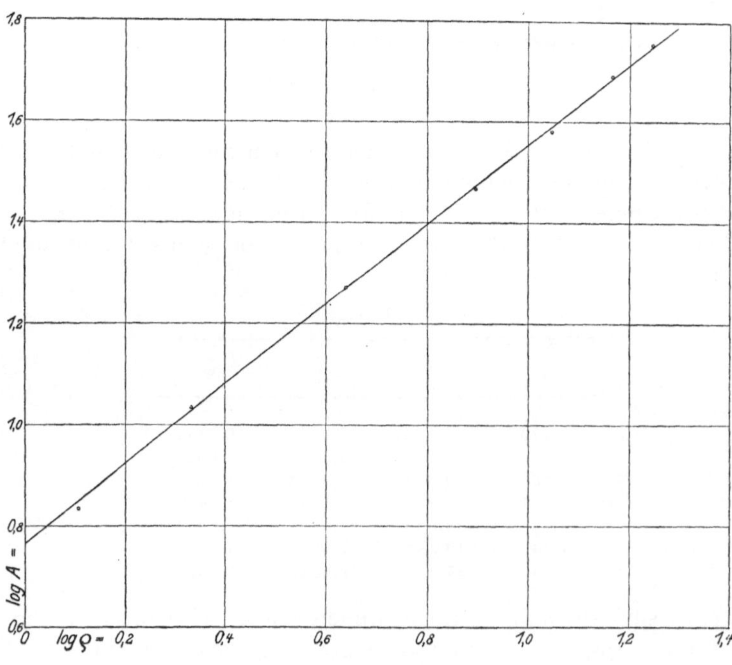

Fig. 11.

Allein durch den Versuch gelangen wir so für den Wärmeübergang an Druckluft im Versuchsrohr zu der Beziehung

$$\alpha = 5{,}768 \, w^{0{,}7801} \, \varrho^{0{,}7936} \quad\ldots\ldots\ldots \quad (43\,\mathrm{a}).$$

Die von der Theorie Seite 10 geforderte Gleichheit der Exponenten wird also durch den Versuch sehr gut bestätigt. Setzen wir demzufolge

$$\alpha = B\,(w\varrho)^{n} \quad\ldots\ldots\ldots\ldots \quad (43\,b),$$

so liefert die Rechnung für die Konstanten die Zahlenwerte

$$B = 5{,}772 \quad \text{und} \quad n = 0{,}7856 \quad\ldots\ldots \quad (44\,c),$$

und wir erhalten für den Wärmeübergang vom Messingrohr an Luft die Gleichung

$$\alpha = 5{,}772\,(w\varrho)^{0{,}7856} \quad\ldots\ldots\ldots \quad (43\,c)$$

bei einer Mitteltemperatur der Luft von 35 °C.

Durch die Punkte der Versuchsreihen mit Kohlensäure und Leuchtgas läßt sich ohne Zwang eine Exponentialfunktion mit dem für Luft gefundenen Exponenten 0,786 legen.

Die Wärmeübergangszahl läßt sich demzufolge abhängig von Dichte und Geschwindigkeit ausdrücken durch das Produkt zweier Exponentialfunktionen mit der Geschwindigkeit und der Dichte als Basis. Die Exponenten für die Geschwindigkeit und die Dichte sind gleich und unabhängig von der Art des durch das Rohr strömenden Mediums.

Die Abhängigkeit des Wärmeüberganges von der spezifischen Wärme, der Wärmeleitfähigkeit und der Zähigkeit.

Während wir zur Festlegung der Abhängigkeit des Wärmeüberganges von der Geschwindigkeit und der Dichte uns rein auf den Versuch stützten, müssen wir zur gesetzmäßigen Darstellung des Einflusses der spezifischen Wärme, der Wärmeleitfähigkeit und der Zähigkeit die im ersten Abschnitte entwickelte Theorie zu Hülfe nehmen.

Wir haben bisher gefunden, daß der Wärmeübergang die Form hat

$$\alpha = B\,w^{n}\varrho^{n} \quad\ldots\ldots\ldots \quad (43\,d),$$

wobei n unabhängig von der Art des Gases ist.

Zu unseren Versuchen über den Wärmeübergang an Druckluft, Kohlensäure und Leuchtgas seien noch Werte für den Wärmeübergang an überhitzten Wasserdampf hinzugefügt, die ich aus den Versuchen von Knoblauch und Jakob[1] zur Bestimmung der spezifischen Wärme des überhitzten Wasserdampfes herausrechnete.

In einem elektrisch geheizten Oelbad befand sich eine Kupferschlange, in der dem überhitzt eintretenden Dampf Wärme zugeführt wurde. Die zur Berechnung des Wärmeüberganges nötigen Größen, zugeführte Wärme, Temperatur des Oelbades, Ein- und Austrittstemperatur des Dampfes und die durchgehende Dampfmenge wurden gemessen. Die hieraus gewonnenen Uebergangszahlen zeigen klar den Einfluß der Dichte und der Geschwindigkeit auf den Wärmeübergang. Mit Benutzung des von uns für ein gerades Rohr gefundenen Exponenten 0,786 ließen sich die Werte gut durch die Formel wiedergeben:

$$\alpha = 10{,}79\,(w\varrho)^{0{,}786} \quad\ldots\ldots\ldots \quad (43\,e).$$

Folgende Zahlentafel enthält die für die verschiedenen Gase gefundene Zahl B.

Zahlentafel 10.

Medium	B
Druckluft	5,772,
Kohlensäure	4,774,
Leuchtgas	15,45,
überhitzter Wasserdampf	10,79.

---

[1] Knoblauch und Jakob. Die spezifische Wärme des überhitzten Wasserdampfes. Mitteilungen über Forschungsarbeiten Heft 35 und 36.

Zur weiteren Betrachtung ist die Kenntnis der Wärmeleitfähigkeit und Zähigkeit der untersuchten Stoffe nötig, weshalb kurz darauf eingegangen werden möge.

Die Wärmeleitfähigkeit und die Zähigkeit der Gase.

Die kinetische Gastheorie liefert für Gase eine Beziehung zwischen der Wärmeleitfähigkeit, der Zähigkeit und der spezifischen Wärme bei gleichbleibendem Volumen, die lautet

$$\lambda = \varepsilon\,\eta\,c_v \qquad \ldots \ldots \ldots \ldots \qquad (46).$$

ε ist eine Konstante, für die theoretisch folgende Werte gefunden wurden:

$$\begin{aligned}
&\text{Clausius} &&\ldots\ldots\ldots &&1{,}25 \\
&\text{Maxwell-Boltzman} &&\ldots\ldots &&2{,}5 \\
&\text{O. E. Meyer} &&\ldots\ldots\ldots &&1{,}6027.
\end{aligned}$$

Für eine Reihe von Gasen sind die Veränderlichen der Gl. (46) durch Versuch bestimmt worden. Wir wollen daraus ε berechnen. Die Zahlenwerte (im C. G. S.-System) sind in der Zahlentafel 11 zusammengestellt. Bei mehreren vorhandenen Beobachtungen wurde das arithmetische Mittel gebildet.

Zahlentafel 11.

Gas	Temperatur	$\lambda\,10^7$	$\eta\,10^7$	c_v	ε	Atomzahl
Luft	0 °C	526	1726	0,170	1,80	2
»	100	646	2250	0,170	1,70	
Wasserstoff	17,6	3667	947	2,42	1,57	2
Argon	0	3894	2104	0,0740	2,50	1
Helium	0	3386		0,75	2,49	1
Sauerstoff	8	563	1957	0,155	1,87	2
Stickstoff	8	524	1709	0,173	1,77	2
Stickoxydul	0	350	1408	0,162	1,53	3
»	100	506	1829	0,167	1,65	
Stickoxyd	7,5	460	1730	0,165	1,61	2
Kohlensäure	17,2	357	1542	0,156	1,48	3
»	100	506	1972	0,158	1,62	
Kohlenoxyd	0	499	1630	0,172	1,77	2
Ammoniak	0	482	957	0,41	1,23	4
Methan	7,5	647	1100	0,46	1,28	5
Aethylen	0	395	966	0,33	1,24	6

Die Zahlentafel zeigt, daß die Größe ε stark veränderlich ist. Selbst für ein Gas scheint sie sich mit der Temperatur zu ändern. Während sie aber bei Luft mit wachsender Temperatur abnimmt, steigt sie bei Stickoxyd und Kohlensäure an.

Klarer tritt eine starke Aenderung von ε mit der Atomzahl zutage. Nehmen wir die Mittelwerte, so erhalten wir folgende Reihe:

$$\begin{array}{lcccccc}
\text{Atomzahl} \ldots & 1 & 2 & 3 & 4 & 5 & 6 \\
\varepsilon \ldots\ldots & 2{,}50 & 1{,}74 & 1{,}51 & 1{,}23 & 1{,}28 & 1{,}24.
\end{array}$$

Für Atomzahlen größer als 3 scheint ε unveränderlich zu sein. Es ist auffällig, daß diese Zahl mit der von Clausius berechneten übereinstimmt, während die für einatomige Gase gültige Zahl sich mit dem von Maxwell-Boltzmann berechneten Wert deckt.

Die Wärmeleitfähigkeit und Zähigkeit sind bei allen Gasen unabhängig vom Druck und nehmen übereinstimmend mit der Temperatur zu, welche Aenderung mit steigender Temperatur kleiner wird. Für unsere Zwecke genügt eine lineare Interpolationsformel ganz gut. Für die von uns untersuchten Gase seien die Konstanten hier zusammengestellt, umgerechnet in das technische Meßsytem. Es sei:

$$\left.\begin{array}{l} \lambda = \lambda_0\,(1 + \alpha\,t) \\ \eta = \eta_0\,(1 + \beta\,t) \end{array}\right\} \quad\cdots\cdots\quad (47).$$

Zahlentafel 12.

Gas	λ_0 WE st^{-1}m^{-1}Gr^{-1}	$\alpha\cdot 10^5$	$10^{12}\cdot\eta_0$ kg m^{-2}st	$\beta\cdot 10^5$
Luft	0,01894	228	489	303
Kohlensäure	0,01213	385	398	343
Wasserdampf	0,0192	434	255	443
Leuchtgas	0,0506	300	420	300

Der Wert λ_0 für Wasserdampf wurde nach Gl. (46) berechnet, wobei für ε der Wert 1,51 eingesetzt wurde. η_0 für Leuchtgas ist aus dem Ergebnis der kritischen Geschwindigkeit, S. 27, berechnet, α und β mußten hierfür geschätzt werden.

Während die Zähigkeit von Flüssigkeiten schon sehr eingehend untersucht ist, liegen für die Wärmeleitfähigkeit wenig Versuche vor. Ihre Abhängigkeit von der Temperatur wurde von Lees und F. Weber untersucht, aber während ersterer eine ziemlich starke Abnahme mit der Temperatur findet, beobachtet letzterer eine fast ebenso starke Zunahme.

Nach Formel (32), S. 10, gilt für den Wärmeübergang die Gleichung

$$\alpha = c\,\lambda_{\text{Wand}}\left(\frac{w\,\varrho}{\eta}\right)^n\left(\frac{\eta\,c_p}{\lambda}\right)^m \quad\cdots\cdots\quad (32).$$

λ_{Wand} ist hierin die Wärmeleitfähigkeit des Gases in unmittelbarer Nähe der Rohrwand, ist also für die Temperatur der Rohrwand zu nehmen. Alle übrigen Werte sind Mittelwerte im Rohrquerschnitt; ihre Zahlenwerte entsprechen also der mittleren Gastemperatur.

Wir wollen nun sehen, ob sich unsere Ergebnisse für verschiedene Gase (siehe Zahlentafel 10, S. 31) durch diese Formel ausdrücken lassen, und wie groß dann die Konstanten werden.

Es muß sein:

$$B = \frac{c\,\lambda_{\text{Wand}}}{\eta^n}\left(\frac{\eta\,c_p}{\lambda}\right)^m \quad\cdots\cdots\quad (48).$$

Setzen wir die gefundenen Zahlen ein, so erhalten wir 4 Gleichungen von der Form

$$y = c\,x^m \quad\cdots\cdots\quad (49).$$

Die Zahlenwerte enthält die Zahlentafel 12.

Zahlentafel 12.

Medium	$x\cdot 10^9$	$y\cdot 10^8$
Druckluft	6,29	1260
Kohlensäure	6,81	1263
Leuchtgas	5,08	1083
überhitzter Wasserdampf	6,73	1237

Die Werte von x für Luft, Kohlensäure und Wasserdampf fallen fast zusammen. In Anbetracht der Unsicherheit der Wärmeleitzahlen der Gase ist die Uebereinstimmung der y-Werte sehr gut zu nennen. Die Bestimmung des Exponenten m wird aber jetzt sehr unsicher, da wir nur 2 Punkte haben.

Setzt man in dem Faktor $\frac{\eta\,c_p}{\lambda}$ in Gl. (48) die Beziehung aus Gl. (46) $\lambda = \varepsilon\,c_v\,\eta$ ein, so wird

$$\frac{\eta\,c_p}{\lambda} = \frac{c_p}{\varepsilon\,c_v} = \frac{\varkappa}{\varepsilon} \qquad \ldots \ldots \ldots \ldots \quad (50).$$

$\varkappa$ und ε sind beide von der Atomzahl des Gases abhängig und nehmen mit zunehmender Atomzahl ab. Ihr Verhältnis bleibt also fast unverändert. Die Unsicherheit in der Bestimmung des Exponenten m ist also für die praktische Anwendung unserer Gleichung auf Gase und überhitzte Dämpfe ohne Belang. Um ein Urteil über die Größe von m zu erlangen, wollen wir die Wärmeübergangszahl an Wasser zu Hülfe nehmen. Die von Joule, Ser, Stanton u. a. gefundenen Werte weichen stark voneinander ab. Die Versuche von Stanton scheinen die genauesten zu sein. Für die Konstanten unserer Versuche liefert seine Formel bei

$$w = 1 \ \mathrm{msk}^{-1} \qquad\qquad a = 7800,$$

und es wird für

$$\text{Wasser} \quad y = 6320 \cdot 10^{-8} \qquad x = 42{,}4 \cdot 10^{-9}.$$

Dieser Wert, zusammen mit den in Zahlentafel 12 enthaltenen, gibt, durch eine Exponentialfunktion ausgeglichen, den Wert:

$$m = 0{,}85 \quad \ldots \ldots \ldots \ldots \ldots \quad (51),$$

während wir den Exponenten n zu

$$n = 0{,}786 \quad \ldots \ldots \ldots \ldots \ldots \quad (44\,\mathrm{c})$$

ermittelt hatten.

Wir haben oben gesehen, daß bei Gasen der Wert des Exponenten m ohne wesentlichen Einfluß ist. Der Einfachheit wegen möge n gleich m gesetzt werden. Gl. (32) nimmt dann die einfache Gestalt an:

$$\alpha = c\,\lambda_{\mathrm{Wand}}\left(\frac{w\,C_p}{\lambda}\right)^n \quad \ldots \ldots \ldots \ldots \quad (32\,\mathrm{c}).$$

C_p ist die spezifische Wärme bei gleichbleibendem Druck pro Volumeneinheit.

Mit den Werten B aus Zahlentafel 10 gibt Gl. (32) für die einzelnen Gase folgende Konstante c:

	c
Luft	36,0
Kohlensäure	33,9
Leuchtgas	36,5
überhitzter Wasserdampf . .	33,5

Eine bessere Uebereinstimmung kann wegen der unsicheren Kenntnis der Wärmeleitfähigkeit nicht erwartet werden. Für die Wärmeleitzahl der Luft liegen zahlreichere Beobachtungen vor, so daß ich in die Schlußformel die Konstante aus den Versuchen mit Druckluft einsetzen will, die dann lautet:

$$\alpha = 36{,}0\ \lambda_{\mathrm{Wand}}\left(\frac{w\,C_p}{\lambda}\right)^{0{,}786}.$$

Nach der Theorie ist der Wärmeübergang auch vom Durchmesser des Rohres abhängig; durch die hieraus gefundene Beziehung erhalten wir für den Wärmeaustausch zwischen einer Rohrwand und einem durch das Rohr strömenden Gase die Gleichung:

$$\alpha = 15{,}90\ \frac{\lambda_{\mathrm{Wand}}}{d^{0{,}214}}\left(\frac{w\,C_p}{\lambda}\right)^{0{,}786} \quad \ldots \ldots \ldots \quad (32\,\mathrm{b})$$

in $\mathrm{WE}\ \mathrm{st}^{-1}\,\mathrm{m}^{-2}\,\mathrm{Grad}^{-1}$.

Hierin ist zu setzen:

λ_{Wand} die Wärmeleitfähigkeit des Gases bei der Temperatur der Rohrwand in WE m^{-1} st^{-1} Gr.$^{-1}$,

w die mittlere Strömungsgeschwindigkeit in msk^{-1},

C_p die spezifische Wärme des Gases bei konstantem Druck für 1 m^3 bei dem Zustand des Gases im Rohr,

λ die Wärmeleitfähigkeit des Gases im WE m^{-1} st^{-1} Grad^{-1} bei der mittleren Temperatur im Rohrquerschnitt.

Führen wir in Gl. (32) das Gewicht G der stündlich durch das Rohr strömenden Flüssigkeitsmenge ein:

$$G = \varrho \, \frac{w \, d^2 \, \pi}{4}$$

so wird

$$\alpha = 15{,}90 \, \frac{\lambda_{\mathrm{Wand}}}{d^{1,786}} \left(\frac{4 \, G \, c_p}{\lambda \, \pi} \right)^{0,786} = 19{,}23 \, \frac{\lambda_{\mathrm{Wand}}}{d^{1,786}} \left(\frac{G \, c_p}{\lambda} \right)^{0,786} \quad . \quad . \quad . \quad (32\,\mathrm{d}).$$

Längs des Versuchsrohres muß also der Wärmeübergang mit zunehmender Lufttemperatur etwas abnehmen wegen der Zunahme der Wärmeleitzahl mit der Temperatur. Diese Abhängigkeit wurde durch die Versuche bestätigt gefunden, siehe Zahlentafel 13.

Zahlentafel 13.

Versuch	V cbm/st	p_m	T_m	α
31	75,8	3,93	29,5	156,4
32	76,0	3,93	56,4	152,7
40 a	57,87	7,05	30,4	124,0
40b	57,87	7,05	46,6	118,3
65	17,93	16,06	39,5	51,8
66	{ 16,00 17,93 }	16,06	71,5	{ 49,3 53,8 }

Der Versuch 66 (umgerechnet auf die bei Versuch 65 durch das Rohr strömende Menge) ergibt im Vergleich mit dem Versuch 65 eine Zunahme des Wärmeüberganges mit der Temperatur; wegen des bei diesem Versuch vorhandenen geringen Temperaturunterschiedes zwischen Luft und Wand ist die Genauigkeit dieses Versuches etwas geringer.

Eliminieren wir in der Gleichung (32) durch die Gasgleichung die Dichte

$$\varrho = \frac{p}{R \, T},$$

so erhalten wir

$$\alpha = 15{,}90 \, \frac{\lambda_{\mathrm{Wand}}}{d^{0,214}} \left(\frac{w \, p \, c_p}{\lambda \, R \, T} \right)^{0,786} \quad . \quad . \quad . \quad . \quad . \quad . \quad . \quad (32\,\mathrm{e}).$$

Dieser Gleichung entnehmen wir folgende Gesetzmäßigkeit für den Wärmeübergang im Rohr:

Bei gleicher Geschwindigkeit, gleichem Druck, unverändertem Rohrdurchmesser und bleibender Flüssigkeitstemperatur nimmt α mit der Wandtemperatur zu, oder bei gleichbleibender Wandtemperatur mit zunehmender Gastemperatur ab.

Obige Gleichung gilt ihrer Ableitung gemäß sowohl für den Wärmeübergang von der Rohrwand an das Gas als auch bei der Kühlung eines Flüssigkeitstromes durch eine kalte Wand. Sind die Temperaturen von Wand und Strom wenig verschieden, so ist der Wärmeübergang in beiden Richtungen gleich. Bei großen Temperaturunterschieden wird α kleiner, wenn die Wärme zur Wand übergeht, als α vor dem Vertauschen von Wand- und Flüssigkeitstemperatur, vorausgesetzt, daß Druck, Geschwindigkeit und Rohrdurchmesser gleich bleiben.

Die aus der Gleichung folgende Abnahme des Wärmeüberganges mit zunehmendem Rohrdurchmesser steht im Widerspruch mit Ergebnissen von Ser, dessen Werte sich der Größenordnung nach mit unseren Zahlen decken. Die von Mollier aus Joules Versuchen berechneten Wärmeübergangszahlen sind aber beträchtlich größer als die von uns gefundenen, was mit der durch unsere Gleichung ausgedrückten Abhängigkeit des α vom Durchmesser, entsprechend der von Joule benutzten kleinen Querschnitte erklärt werden kann.

Die beiden Konstanten unserer Gleichung: der Beiwert c und der Exponent n, hängen vermutlich von der Rauhigkeit des Rohres ab und werden bei rauher Rohrwand kleiner sein als bei glatter.

Der Druckabfall im Rohr.

Der Druckabfall und der Wärmeübergang im Rohr sind beide von der Strömung abhängig, und zwar lassen sich beide Erscheinungen, wie wir gesehen haben, in ihrer Veränderlichkeit mit der Geschwindigkeit durch eine Exponentialfunktion darstellen, deren Exponent nur von der Oberflächenbeschaffenheit des Rohres abhängt. Es ist zu vermuten, daß zwischen beiden Exponenten eine Beziehung besteht; deshalb wurde auch der Druckverlust im Messingrohr gemessen.

Trotzdem die erste Meßstelle für den Druckabfall um das 50fache des Rohrdurchmessers von der Einmündung der Luft in das Versuchsrohr ablag, war der Druckabfall noch nicht unverändert längs des Rohres, sondern nahm von der einen Meßstrecke zur benachbarten ab. Diese Abnahme war aber für jede Geschwindigkeit prozentual gleichbleibend, so daß diese Verschiedenheit nur den konstanten Faktor ändert und nicht die Gesetzmäßigkeit. Die Beobachtungen sind in Zahlentafel 7 enthalten.

Setzt man in der Formel (15), S. 5:

$$\varDelta = -\frac{dp}{dl} = a\,\frac{w^n\,\varrho^{n-1}\,\eta^{2-n}}{d^{3-n}} \quad . \quad . \quad . \quad . \quad . \quad . \quad (15)$$

$$\frac{1}{R\,288}\,\frac{V}{\varrho} = \frac{d^2\,\pi\,w}{4} \quad . \quad . \quad . \quad . \quad . \quad . \quad . \quad (51),$$

worin V die in 1 Stunde durch das Versuchsrohr strömende Flüssigkeitsmenge bei 1 at und 15° ist, so geht sie über in

$$\varDelta\varrho = \frac{a\,4^n}{(R\,\pi\,288)^n}\,\frac{V^n\,\eta^{2-n}}{d^{n+3}} \quad . \quad . \quad . \quad . \quad . \quad . \quad (7\,\text{a}).$$

Bei den Versuchen war auf der rechten Seite der Gleichung nur V veränderlich. Trägt man in einem Koordinatenkreuz $\log(\varDelta\varrho)$ und $\log V$ auf, so müssen die Punkte auf einer Geraden liegen, falls der Ansatz richtig ist. Das ist in ausgezeichneter Weise erfüllt, Fig. 12. Die Neigung der Geraden liefert den Exponenten

$$n = 1{,}776 \quad . \quad . \quad . \quad . \quad . \quad . \quad . \quad . \quad (52).$$

Wir wollen noch prüfen, ob die Versuchzahlen sich durch die Bielsche Gleichung (3), S. 3, darstellen lassen. Unter Gleichsetzen der bei unseren Versuchen unveränderlichen Größen lautet sie:

$$-\frac{dp}{dl} = w^2\varrho\left(a + \frac{b}{w\varrho}\right) \quad . \quad . \quad . \quad . \quad . \quad . \quad . \quad (3)$$

oder

$$\frac{\varDelta}{w} = a\,(w\,\varrho) + b.$$

Der Quotient aus Druckabfall und Geschwindigkeit muß also linear abhängen von dem Produkt aus Geschwindigkeit und Dichte. Trägt man diese Größen in ein Koordinatensystem ein, so sieht man, Fig. 13, daß die Punkte auch oberhalb der von Biel als unteren Geltungsbereich für seine Formel angenommenen Grenzgeschwindigkeit, die für unser Rohr bei 17,3 msk^{-1} liegt (sie

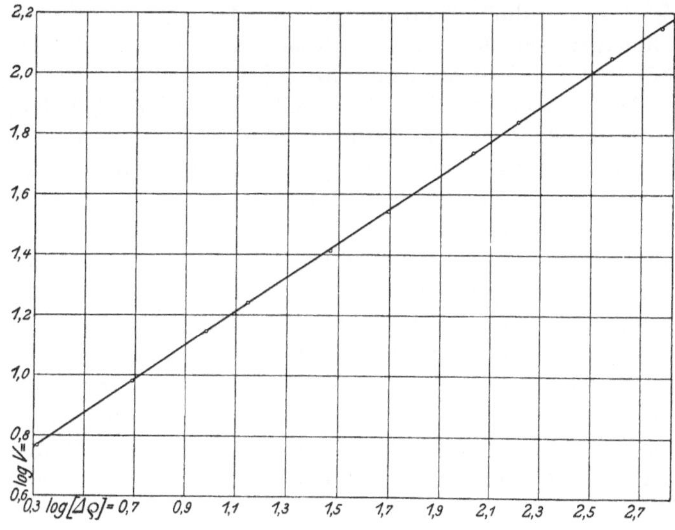

Fig. 12.

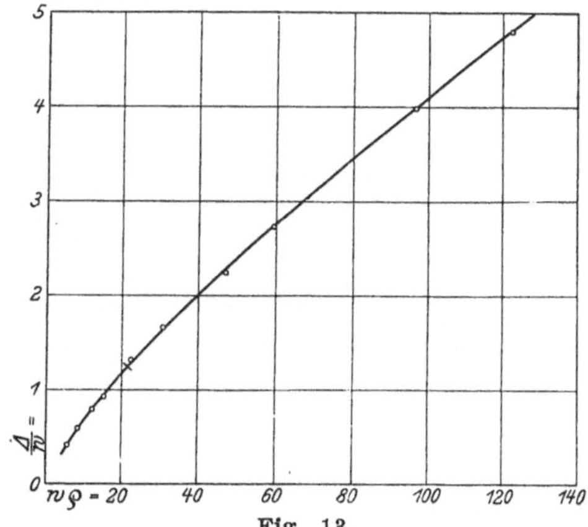

Fig. 13.

ist durch einen Querstrich zur Kurve in Fig. 13 eingezeichnet), ausgesprochen auf einer Kurve liegen. Die Exponentialfunktion gibt zweifellos mit größerer Annäherung und in einem weiteren Bereich den Druckabfall in Rohren wieder.

Für den Wärmeübergang hatten wir als Exponenten der Geschwindigkeit die Zahl

$$m = 0{,}786 \quad . \quad . \quad . \quad . \quad . \quad . \quad . \quad . \quad (46)$$

gefunden, während sich oben der Exponent der Geschwindigkeit für den Druckabfall zu

$$n = 1{,}776 \quad . \quad . \quad . \quad . \quad . \quad . \quad . \quad . \quad . \quad (52)$$

ergab.

Es liegt nahe, zu vermuten, daß zwischen beiden Exponenten die Beziehung

$$n - m = 1 \quad . \quad . \quad . \quad . \quad . \quad . \quad . \quad . \quad . \quad (53)$$

besteht, wenigstens für glatte Rohre.

Zusammenfassung.

Der Wärmeübergang von einem Messingrohr an ein durchströmendes Gas (Luft, Kohlensäure und Leuchtgas) bei verschiedenem Druck und wechselnder Geschwindigkeit wurde durch Versuche bestimmt.

Das Strömungsgesetz des Gases im Rohr zeigte entscheidenden Einfluß auf die Gesetzmäßigkeit des Wärmeaustausches. Unter der kritischen Geschwindigkeit, also bei Parallelströmung der Wasserteilchen, ändert sich der Wärmeübergang nur wenig mit der Geschwindigkeit, während er nach eingetretener Turbulenz stark mit der Geschwindigkeit wächst. Diese Abhängigkeit läßt sich durch eine Exponentialfunktion darstellen, deren Exponent unabhängig von der Dichte und der Art des Gases ist.

Es wurde weiter die neue und wichtige Tatsache gefunden, daß der Wärmeübergang stark mit der spezifischen Wärme für die Volumeneinheit des Gases und geringer mit dessen Wärmeleitfähigkeit zunimmt. Der Einfluß der Zähigkeit ist sehr gering. Die zahlenmäßige Abhängigkeit des Wärmeüberganges von diesen Größen konnte durch Exponentialfunktionen dargestellt werden.

Aus den hydrodynamischen Gleichungen für zähe, elastische Flüssigkeiten und der Differentialgleichung der Wärmeleitung wird ein einfacher Zusammenhang zwischen den Exponenten jener Funktionen festgelegt, den die Versuche bestätigt haben.

Die gefundene Gleichung für den Wärmeaustausch zwischen einer Rohrwand und einem durch das Rohr strömenden Gase lautet:

$$\alpha = 15{,}90 \, \frac{\lambda_{\mathrm{Wand}}}{d^{0{,}214}} \left(\frac{w \, C_p}{\lambda} \right)^{0{,}786} \mathrm{WE\ st^{-1}\,m^{-2}\,Gr.^{-1}}.$$

Ueber den Zusammenhang der Biegungselastizität des Gußeisens mit seiner Zug- und Druckelastizität.

Von **H. Herbert.**

Einleitung.

Bei der Ausführung von Biegeversuchen ist es im allgemeinen üblich, die Belastung P in der Mitte des Balkens angreifen zu lassen, der dabei an seinen Enden auf Stützpunkten drehbar gelagert ist. Es werden dann die Durchbiegungen der Stabmittellinie gemessen, die den jeweils auf den Versuchskörper wirkenden Belastungen entsprechen, was durch die Beobachtung der Bewegungen dreier ihrer Punkte: in der Mitte und über den beiden Auflagern, geschehen kann.

Aus den so gemessenen Durchbiegungen läßt sich nun der Elastizitätsmodul oder dessen reziproker Wert, der Dehnungskoeffizient, berechnen, sobald ein Material vorliegt, für welches er unveränderlich ist, also gleich für Zug und Druck und unabhängig von der Größe der Spannungen, wie z. B. Schmiedeisen und Stahl. Mit Hülfe dieses unveränderlichen Elastizitätsmoduls können dann natürlich auch die Spannungen in den einzelnen Fasern leicht gefunden werden.

Diese unmittelbare Berechnung der Spannungen aus derartigen Biegeversuchen mittels der üblichen Formeln, die von einem unveränderlichen Elastizitätsmodul ausgehen, ist aber nicht mehr möglich, sobald es sich um ein Material handelt, für das der Elastizitätsmodul abhängig ist von der Größe und dem Vorzeichen der Spannungen, wie z. B. beim Gußeisen.

Diese Erkenntnis ist nun nicht mehr neu, und es ist mehrfach schon versucht worden, das Gesetz der Proportionalität zwischen Spannungen und Dehnungen, das unter dem Namen des Hookeschen Gesetzes allgemein bekannt ist, durch ein anderes Spannungsgesetz, wenigstens für gewisse Stoffe, zu ersetzen. In den letzten zwei Jahrzehnten war es vor allem C. v. Bach, der wiederholt darauf hingewiesen hat, daß die bis dahin stets vorausgesetzte Proportionalität zwischen Dehnungen und Spannungen bei einer großen Anzahl von Stoffen, zu denen die natürlichen Steine, Zement und Gußeisen gehören, durch die Ergebnisse seiner umfangreichen Versuche nicht bestätigt wird. Aus seinen Versuchen ergab sich, daß an Stelle des Hookeschen Gesetzes als ein befriedigender Ausdruck der Gesetzmäßigkeit zwischen den Dehnungen ε und den Spannungen σ für die untersuchten Stoffe, mit Ausnahme von Kautschuk und Marmor, das sogenannte Potenzgesetz

$$\varepsilon = \alpha\, \sigma^{m}$$

gewählt werden kann.

Mit Hülfe dieser Gleichung ist es nun möglich, die Lage der Nullachse, die hier nicht mehr unveränderlich durch den Schwerpunkt des Querschnitts geht, und damit dann auch die Spannungen in den einzelnen Fasern aus den gemessenen Durchbiegungen abzuleiten. Die Konstanten der Gleichung, a und m, werden dabei in der Regel aus besonderen Zug- und Druckversuchen mit einem und demselben Material abgeleitet; sie könnten aber auch aus Beobachtung einer ausreichenden Anzahl von Durchbiegungen berechnet werden.

Bei der vorliegenden Arbeit wurden nun gar keine näheren Annahmen über das Formänderungsgesetz gemacht, vielmehr durch unmittelbare Messung der Längenänderungen der äußersten Fasern eines gebogenen Gußeisenbalkens sowie die Lage der neutralen Achse ermittelt und dann die Spannungen unter Anwendung der allgemeinen Gleichgewichtsbedingungen berechnet. Dabei wurden die Dehnungskoeffizienten unmittelbar aus dem Biegeversuch selbst abgeleitet. Die Ausführung dieser Messungen wurde begünstigt durch die besondere Einrichtung für Biegeversuche, die mir in dem Institut für angewandte Mechanik der Universität Göttingen zur Verfügung stand und über die später noch genauer berichtet werden soll[1]).

Daneben ergibt sich bei dieser Art der Durchführung des Versuches noch der Vorteil, daß man den Verlauf der Zugkurve, die aus dem Biegeversuch abgeleitet wird, um eine nicht unbeträchtliche Strecke weiter verfolgen kann, als dies beim reinen Zugversuch möglich ist. Denn die gezogenen Außenfasern eines gebogenen Stabes können infolge ihres Zusammenhanges mit den inneren, weniger stark beanspruchten Fasern, offenbar eine größere Dehnung aushalten, ehe ihr Zusammenhang zerstört wird, als die gleichmäßig gespannten Fasern beim gezogenen Stabe.

Zum Schlusse wurden, jedoch nur zum Vergleiche mit den aus den Biegeversuchen erhaltenen Ergebnissen, Zug- und Druckversuche ausgeführt mit Stäben, die aus dem Material der Balken herausgearbeitet waren. Die dabei festgestellten Abweichungen führten auf eine genauere Untersuchung der Elastizitätseigenschaften des vorliegenden Materials und auf die Verfolgung des Einflusses anfänglich vorhandener Gußspannungen.

I. Theoretische Grundlagen der Versuche.

a) Aufgabe und grundlegende Voraussetzungen.

Die Aufgabe, deren Lösung zunächst gesucht werden soll, ist die folgende:

Ein Balken von rechteckigem Querschnitt sei einem gleichbleibenden Biegungsmoment unterworfen.

Durch Beobachtung gegeben sind die äußeren Kräfte (Biegungsmoment M) und die unter ihrer Einwirkung auftretenden Längenänderungen ε_1 und ε_2 der äußeren Fasern. Gesucht ist das allgemeine Formänderungsgesetz, d. h. die Spannungswerte σ_1 und σ_2 in den äußeren Fasern, die den jeweiligen Dehnungswerten entsprechen[2]).

---

[1]) Eine Anordnung, die auf demselben Grundgedanken beruht, wird an der Materialprüfungsanstalt der Kgl. techn. Hochschule in Stuttgart seit 1902 benutzt. Die erste Veröffentlichung über diese Einrichtung findet sich 1904 im 1. Heft der »Forscherarbeiten aus dem Gebiete des Eisenbetons«, eine spätere 1907 im Heft 39 der »Mitteilungen über Forschungsarbeiten«. Vergl. auch die Fußbemerkung auf S. 46.

[2]) Hr. Prof. Prandtl hatte mir die Lösung der entsprechenden Aufgabe für den Fall der Verdrehung eines Stabes von kreisförmigem Querschnitt, wie er sie in seinen Vorlesungen behandelt hat, gütigst mitgeteilt. Dabei tritt als einzige Unbekannte die Schubspannung τ auf, die als Funktion des beobachteten Verdrehungswinkels darzustellen ist. Seinem freundlichen Hinweis verdanke ich die Anregung zu dem Versuch, die analoge Aufgabe für den Fall der Biegung durchzuführen und auf den praktisch vorliegenden Fall anzuwenden.

Das gesuchte Formänderungsgesetz sei dargestellt in der allgemeinen Form:

$$\begin{cases} \sigma_1 = f(\varepsilon_1) & \text{für die Zugspannungen} \\ \sigma_2 = \varphi(\varepsilon_2) & \text{für die Druckspannungen,} \end{cases}$$

wobei ε_1 und ε_2 die unmittelbar beobachteten Längenänderungen der äußersten Fasern des Balkens bedeuten. Um nun auch die nicht unmittelbar gemessenen Dehnungen der inneren Fasern hieraus ableiten zu können, muß noch die Annahme gemacht werden, daß die zur Stabachse ursprünglich senkrechten Querschnitte auch nach der Formänderung eben und rechtwinklig zur Achse bleiben. Die Berechtigung dieser Annahme ist durch unmittelbare Beobachtung bei Versuchen zunächst an Stäben aus zähem Stahl und Schmiedeisen, selbst bei sehr weit getriebener Durchbiegung von Bauschinger und Bach bestätigt worden, dann aber auch für Körper, bei denen eine Proportionalität zwischen Spannungen und Dehnungen nicht besteht, für Stein und Gußeisen, von Föppl[1]).

Abgesehen von dieser weitgehenden Bestätigung unserer Annahme durch Versuchsergebnisse wird ihre Erfüllung durch die Art des Kräfteangriffs, die unseren Versuchen zugrunde lag, wesentlich gefördert. Denn in dem ganzen mittleren, für die Dehnungsmessungen in Betracht kommenden Teile des Balkens ist ein konstantes Moment $M = \dfrac{P}{2}\,a$ wirksam. Dieser Teil erleidet daher reine Biegung, eine Schubkraft ist nicht vorhanden. Der gleichen Kräftewirkung muß daher auch eine gleiche Formänderung der einzelnen Körperelemente entsprechen — vollkommen gleichartige Materialbeschaffenheit vorausgesetzt. —

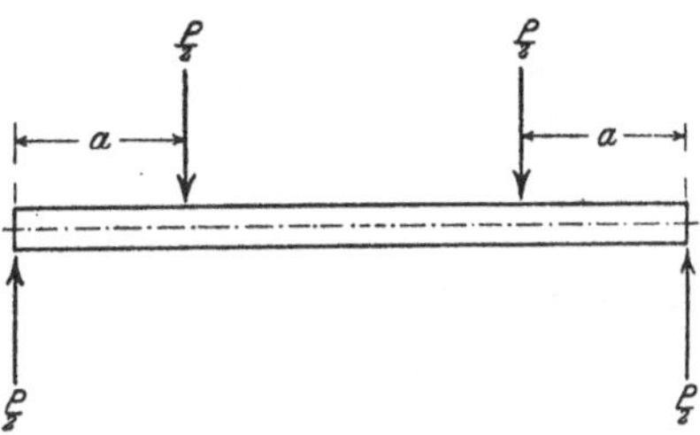

Fig. 1.

Es wird somit die Krümmung der Stabachse nach einem Kreis erfolgen. Die ursprünglich zur Achse senkrechten Querschnitte müssen sich dann aus Symmetriegründen in radialen Ebenen einstellen.

b) Ermittlung des Formänderungsgesetzes.

Unter den angeführten Voraussetzungen und unter Benutzung der in umstehende Abbildung 2 eingetragenen Bezeichnungen sollen nun die Spannungen σ_1 und σ_2 als Funktionen der gemessenen Dehnungen ε_1 und ε_2 dargestellt werden, d. h. es sollen die Funktionen

$$\sigma_1 = f(\varepsilon_1) \quad \text{für Zug}$$

und

$$\sigma_2 = \varphi(\varepsilon_2) \quad \text{für Druck}$$

zunächst für den Fall der reinen Biegung ermittelt werden.

---

[1]) Vergl. Mitteilungen aus dem mechanisch-technischen Laboratorium der Kgl. Techn. Hochschule München, Neue Folge, Heft 29: Die elastischen Formänderungen von Gußeisenstäben bei exzentrischer Zugbelastung. Namentlich die zweite Versuchsreihe zeigt in nahezu vollkommener Weise das Ebenbleiben der Querschnitte. Es war dabei durch eine exzentrische Zugkraft mit wechselndem Hebelarm ein Biegungsmoment ausgeübt und die Längenänderung von sieben, je 19,5 mm voneinander entfernten Fasern innerhalb einer Meßstrecke von 15 cm gemessen worden.

Bezeichnen wir den reziproken Wert des Krümmungsradius ϱ mit $\varkappa$, also

$$\varkappa = \frac{1}{\varrho},$$

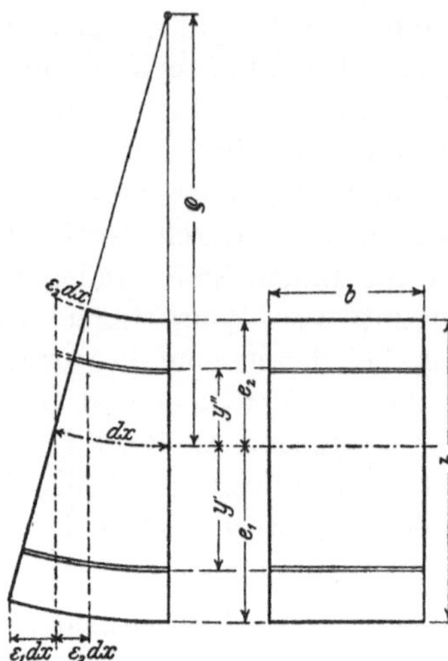

Fig. 2.

so ergibt sich für die Verlängerung der gezogenen Außenfaser eines Balkenelementes von der Länge dx aus der Proportion:

$$\frac{\varepsilon_1\, dx}{dx} = \frac{e_1}{\varrho} \quad \text{oder} \quad \varepsilon = \frac{e_1}{\varrho}$$

die Beziehung

$$\varepsilon_1 = e_1 \varkappa$$

und entsprechend für die gedrückte Außenfaser

$$\varepsilon_2 = e_2 \varkappa.$$

Daher ist

$$\varepsilon_1 + \varepsilon_2 = (e_1 + e_2)\varkappa.$$

Da nun

$$e_1 + e_2 = h,$$

gleich der Balkenhöhe ist, so wird

$$\varepsilon_1 + \varepsilon_2 = h\varkappa$$

und daraus

$$\varkappa = \frac{\varepsilon_1 + \varepsilon_2}{h}$$

Damit ist nun die Lage der neutralen Faserschicht bestimmt, denn es wird jetzt durch Einsetzung des Wertes von $\varkappa$

$$e_1 = \frac{\varepsilon_1 h}{\varepsilon_1 + \varepsilon_2} \quad \text{und} \quad e_2 = \frac{\varepsilon_2 h}{\varepsilon_1 + \varepsilon_2}.$$

Bezeichnen wir nun den Querschnitt einer beliebigen Faserschicht im Abstande y von der neutralen Achse mit dF, so lauten die Gleichgewichtbedingungen:

Algebraische Summe der Normalspannungen gleich null:

$$\int_0^{e_1} \sigma'\, dF' - \int_0^{e_2} \sigma''\, dF'' = 0 \quad \ldots \ldots \ldots \ldots \quad (1).$$

Statisches Moment des aus den Spannungen gebildeten Kräftepaares gleich dem Biegungsmoment der äußeren Kräfte:

$$\int_0^{e_1} \sigma' \, y' \, dF' + \int_0^{e_2} \sigma'' y'' \, dF'' = M \quad . \quad . \quad . \quad . \quad . \quad . \quad (2).$$

Im besonderen ist für den rechteckigen Querschnitt

$$dF = b \, dy.$$

Daher gehen für diesen Fall die obigen Gleichungen über in

$$\int_0^{e_1} \sigma' \, dy' - \int_0^{e_2} \sigma'' \, dy'' = 0 \quad . \quad . \quad . \quad . \quad . \quad (1\,\mathrm{a})$$

und

$$b \int_0^{e_1} \sigma' y' \, dy' + b \int_0^{e_2} \sigma'' y'' \, dy'' = M \quad . \quad . \quad . \quad . \quad (2\,\mathrm{a}),$$

indem aus der ersten der beiden Gleichungen der Faktor b herausgehoben wird.

Um nun an Stelle der Abstände y die Dehnungen ε in den Gleichgewichtbedingungen zu bekommen, benutzen wir die aus der Abbildung abzulesende Beziehung

$$\varepsilon' = y' \varkappa \ \text{ und } \ \varepsilon'' = y'' \varkappa,$$

also

$$y' = \frac{\varepsilon'}{\varkappa} \ \text{ und } \ y'' = \frac{\varepsilon''}{\varkappa}.$$

Dann ist für unveränderliches $\varkappa$, d. h. für einen bestimmten Belastungszustand

$$dy' = \frac{d\varepsilon'}{\varkappa} \ \text{ und } \ dy'' = \frac{d\varepsilon''}{\varkappa}.$$

Durch Einführung dieser Werte für y und dy gelangt man zu den Gleichungen

$$\int_0^{\varepsilon_1} \sigma' d\varepsilon' - \int_0^{\varepsilon_2} \sigma'' d\varepsilon'' = 0 \quad . \quad . \quad . \quad . \quad . \quad . \quad (1\,\mathrm{b})$$

und

$$\int_0^{\varepsilon_1} \sigma' \varepsilon' d\varepsilon' + \int_0^{\varepsilon_2} \sigma'' \varepsilon'' d\varepsilon'' = M \frac{\varkappa^2}{b} . \quad . \quad . \quad . \quad . \quad . \quad (2\,\mathrm{b}),$$

indem in der ersten Gleichung der gemeinsame Faktor $\dfrac{1}{\varkappa}$ herausgehoben und in der zweiten der Faktor $\dfrac{b}{\varkappa^2}$ von der linken auf die rechte Seite gebracht wird.

Lassen wir nun den Belastungszustand sich etwas ändern. Das Moment wachse um dM, gleichzeitig wird die Krümmung um $d\varkappa$ zunehmen. Differentiieren wir daher nach $\varkappa$ und setzen für ε_1 und ε_2 die Werte

$$\varepsilon_1 = e_1 \varkappa \ \text{ und } \ \varepsilon_2 = e_2 \varkappa$$

ein, so finden wir aus den Gl. (1 b) und (2 b), indem wir den Wert von σ' an der oberen Grenze $= \sigma_1$, den von σ'' an der oberen Grenze $= \sigma_2$ setzen — an der unteren Grenze (neutralen Achse) haben beide den Wert null —

$$\sigma_1 \frac{\partial \varepsilon_1}{\partial \varkappa} - \sigma_2 \frac{\partial \varepsilon_2}{\partial \varkappa} = 0 \quad . \quad . \quad . \quad . \quad . \quad . \quad (1\,\mathrm{c})$$

und

$$\sigma_1 e_1 \frac{\partial \varepsilon_1}{\partial \varkappa} + \sigma_2 e_2 \frac{\partial \varepsilon_2}{\partial \varkappa} = \frac{1}{b} \left(2 M + \varkappa \frac{\partial M}{\partial \varkappa} \right) . \quad . \quad . \quad . \quad (2\,\mathrm{c}).$$

Dabei ist die zweite Gleichung sogleich auch durch den in allen Gliedern vorkommenden Faktor $\varkappa$ gekürzt worden.

Aus diesen beiden Gleichungen lassen sich die unbekannten Spannungen σ_1 und σ_2 nun leicht berechnen. Indem wir Gl. (1c) mit e_2 multiplizieren und zu Gl. (2c) addieren, ergibt sich

$$\sigma_1 \, (e_1 + e_2) \frac{\partial \varepsilon_1}{\partial \varkappa} = \frac{1}{b} \left(2\,M + \varkappa \frac{\partial M}{\partial \varkappa} \right).$$

Daraus finden wir, indem wir noch $e_1 + e_2 = h$ setzen,

$$\sigma_1 = \frac{2\,M + \varkappa \dfrac{\partial M}{\partial \varkappa}}{b\,h \dfrac{\partial \varepsilon_1}{\partial \varkappa}} = f\,(\varepsilon_1)$$

und analog

$$\sigma_2 = \frac{2\,M + \varkappa \dfrac{\partial M}{\partial \varkappa}}{b\,h \dfrac{\partial \varepsilon_2}{\partial \varkappa}} = q\,(\varepsilon_2).$$

Damit ist das gesuchte Formänderungsgesetz gefunden, d. h. die Spannungen σ_1 und σ_2 sind als Funktionen der beobachteten Dehnungen ε_1 und ε_2 dargestellt.

Die allgemeine Beziehung muß natürlich auch für den Fall der Proportionalität zwischen Dehnungen und Spannungen gelten. Man hat dann

$$\varepsilon_1 = \varepsilon_2 = \varepsilon \quad \text{und} \quad \varkappa = \frac{\varepsilon_1 + \varepsilon_2}{h} = \frac{2\,\varepsilon}{h}$$

$$\frac{\partial \varepsilon_1}{\partial \varkappa} = \frac{\varepsilon_1}{\varkappa} = \frac{\varepsilon}{\dfrac{2\,\varepsilon}{h}} = \frac{h}{2}$$

$$\frac{\partial M}{\partial \varkappa} = \frac{M}{\varkappa}, \quad \text{also:} \quad \varkappa \frac{\partial M}{\partial \varkappa} = M.$$

Unter Einführung dieser besonderen Werte findet man

$$\sigma_1 = \frac{2\,M + M}{b\,h\dfrac{h}{2}} = \frac{6\,M}{b\,h^2},$$

d. i. die bekannte, auf dem Hookeschen Gesetz beruhende Formel der Festigkeitslehre.

c) Erweiterung der gefundenen Formeln für das Hinzutreten einer zentrischen Längskraft und für exzentrischen Zug.

Im Anschluß an die oben gegebene Ableitung, die den Fall so behandelt, wie er den zu besprechenden Versuchen zugrunde liegt, möge die Aufgabe noch erweitert werden für das Hinzutreten einer zentrischen Längskraft P. Die erste Gleichgewichtbedingung lautet dann

$$\int_0^{e_1} \sigma' b\,dy' - \int_0^{e_2} \sigma'' b\,dy'' = P,$$

$$\frac{b}{\varkappa} \int_0^{\varepsilon_1} \sigma' d\varepsilon' - \frac{b}{\varkappa} \int_0^{\varepsilon_2} \sigma'' d\varepsilon'' = P,$$

$$\int_0^{\varepsilon_1} \sigma' d\varepsilon' - \int_0^{\varepsilon_2} \sigma'' d\varepsilon'' = \frac{P\,\varkappa}{b}.$$

Differentiiert man nach $\varkappa$, so erhält man

$$\sigma_1 \frac{\partial \varepsilon_1}{\partial \varkappa} - \sigma_2 \frac{\partial \varepsilon_2}{\partial \varkappa} = \frac{1}{b}\left(P + \varkappa \frac{\partial P}{\partial \varkappa}\right) \quad \ldots \ldots \ldots \quad (1\,\mathrm{d}).$$

Dieser Belastungsfall tritt beispielsweise ein, wenn die Kräfte, welche die Biegung des Stabes hervorrufen, nicht senkrecht zur Stabachse angreifen. Es ergibt sich dann eine in die Längsachse des Stabes fallende Komponente P,

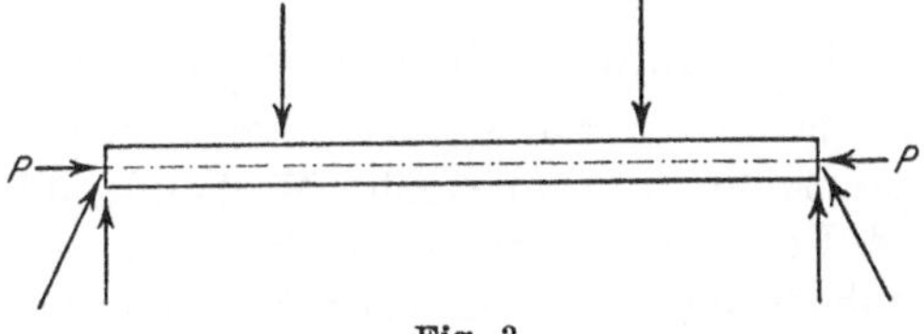

Fig. 3.

die bei einer Steigerung der Belastung gleichfalls wächst, also mit dem Moment M und demnach auch mit der Krümmung $\varkappa$ veränderlich ist.

Die zweite Gleichgewichtbedingung bleibt unverändert, lautet daher in der Form der Gleichung (2 c)

$$\sigma_1 e_1 \frac{\partial \varepsilon_1}{\partial \varkappa} + \sigma_2 e_2 \frac{\partial \varepsilon_2}{\partial \varkappa} = \frac{1}{b}\left(2\,M + \varkappa \frac{\partial M}{\partial \varkappa}\right) \quad \ldots \ldots \quad (2\,\mathrm{c}).$$

Aus den Gleichungen (1 d) und (2 c) folgt dann

$$\sigma_1 = \frac{2\,M + \varkappa \dfrac{\partial M}{\partial \varkappa} + P e_2 + \varkappa \dfrac{\partial P}{\partial \varkappa} e_2}{b\,h\,\dfrac{\partial \varepsilon_1}{\partial \varkappa}}$$

und der analoge Ausdruck für σ_2.

Ist die Längskraft unabhängig von der Biegung, also P unveränderlich, so wird $\dfrac{\partial P}{\partial \varkappa} = 0$, und es fällt daher das letzte Glied im Zähler des Ausdrucks weg.

Bei Proportionalität muß man selbstverständlich wieder auf die bekannten Formeln zurückkommen. Es ist dann wieder

$$\varepsilon_1 = \varepsilon_2 = \varepsilon \quad \text{und} \quad \frac{\partial \varepsilon_1}{\partial \varkappa} = \frac{\varepsilon_1}{\varkappa} = \frac{\varepsilon}{\dfrac{\varepsilon + \varepsilon}{h}} = \frac{h}{2},$$

$$\frac{\partial M}{\partial \varkappa} = \frac{M}{\varkappa}, \quad \text{also} \quad \varkappa \frac{\partial M}{\partial \varkappa} = M,$$

$$\frac{\partial P}{\partial \varkappa} = 0 \quad \text{und} \quad e_1 = e_2 = \frac{h}{2}.$$

Damit finden wir

$$\sigma_1 = \frac{2\,M + M + P\dfrac{h}{2}}{b\,h\,\dfrac{h}{2}} = \frac{6\,M}{b\,h^2} + \frac{P}{b\,h}.$$

Auch der Fall der exzentrischen Zugbelastung läßt sich aus dem eben Besprochenen ohne weiteres ableiten. Wirkt die Kraft P in einem Abstande a parallel zur Stabachse, so tritt neben der Längskraft P ein Biegungsmoment von der Größe $M = Pa$ auf. Setzen wir diesen Wert von M in die obige Formel für σ_1 ein, so erhalten wir

$$\sigma_1 = \frac{2\,Pa + \varkappa \dfrac{\partial P}{\partial \varkappa} a + P e_2 + \varkappa \dfrac{\partial P}{\partial \varkappa} e_2}{b\,h\,\dfrac{\partial \varepsilon_1}{\partial \varkappa}}$$

oder

$$\sigma_1 = \frac{P(2a + e_2) + \varkappa \frac{\partial P}{\partial \varkappa}(a + e_2)}{bh \frac{\partial \varepsilon_1}{\partial \varkappa}}.$$

II) Praktische Versuchsanordnung.

a) Die Maschinen (Biegevorrichtung).

Zur Erzeugung der erforderlichen Biegungsmomente wurde die in dem Göttinger Universitäts-Institut für angewandte Mechanik aufgestellte Festigkeitsmaschine von Mohr & Federhaff in Mannheim benutzt. Als Krafterzeuger dient bei dieser eine Schraubenspindel, die mittels Schneckenrades von Hand betätigt wird. Die Belastungen werden durch eine Laufgewichtwage, die mit Hülfe eines Nonius die Einstellung der Last auf 10 kg genau ermöglicht, gemessen. Die Maschine gestattet die Anwendung einer Kraftleistung bis zu 15000 kg und kann nach Bedarf mit einer Vorrichtung für Zug- oder mit einer solchen für Druckversuche ausgerüstet werden.

Zur Ausfürung der Biegeversuche wurde nun in diese Maschine eine eigene Biegevorrichtung eingebaut, die nach Angaben des Leiters des Institutes für angewandte Mechanik, Hrn. Prof. Prandtl, eigens für dieses Institut ausgeführt worden ist.

Diese Vorrichtung, welche in Fig. 5 bis 10 abgebildet ist, besteht im wesentlichen aus zwei kräftigen, wagerechten Hebelbalken, die beide um ihre Mitte drehbar gelagert sind. Der längere ist oben an dem kürzeren Arm der Hebelwage aufgehängt, steht also mit der Kraftmeßvorrichtung der Maschine in Verbindung, der kürzere ist unten mit der Schraubenspindel verbunden, also mit der Krafterzeugungsvorrichtung. Der Zusammenhang zwischen beiden wird durch 2 Paare von lotrechten Hängeeisen vermittelt. Diese übertragen mit Hülfe

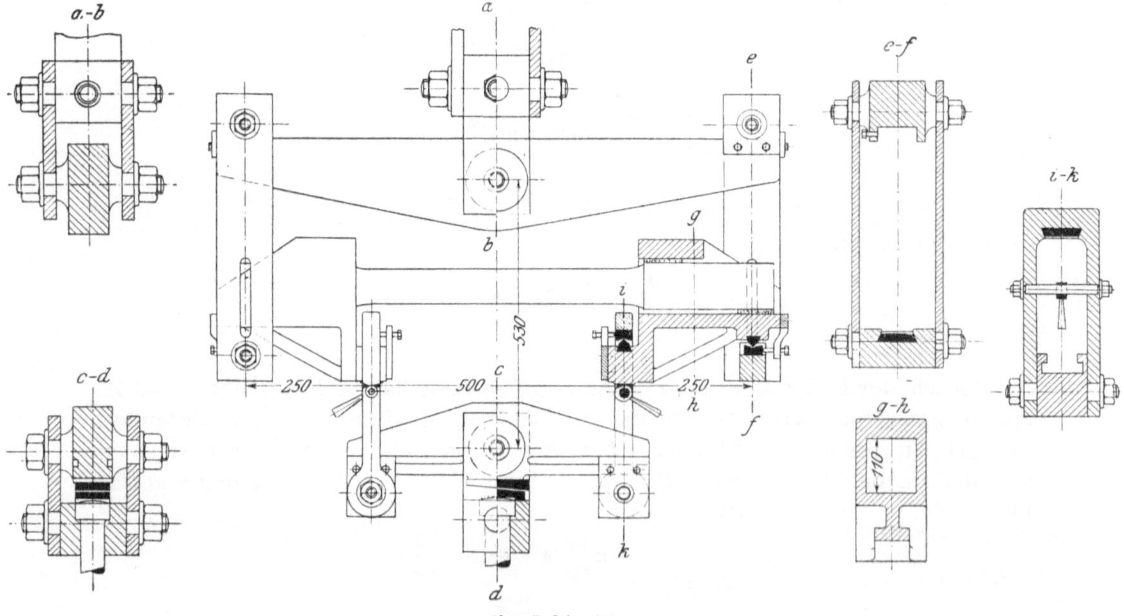

Fig. 5 bis 10.

von Stahlschneiden, die in Gußstahlpfannen drehbar gelagert sind, die Kraft auf
2 gußeiserne Schuhe, in die die Balkenenden fest eingespannt sind[1]).

Der Hauptvorteil dieser Einrichtung ist der, daß in dem ganzen mittleren
Teil des Balkens ein unveränderliches Biegungsmoment ausgeübt wird, und daß
dieser Teil dabei für die Anbringung von Meßgeräten vollständig frei bleibt.

b) Die Probestäbe (Form und Material).

Als Probekörper dienten gußeiserne Balken von 1,0 m Länge und einem Querschnitt von 8 cm Höhe und 4 cm Breite im mittleren, für die Messungen benutzten
Teil, Fig. 11. Diese Stäbe wurden von der Firma Friedr. Krupp, Aktien-Ge-

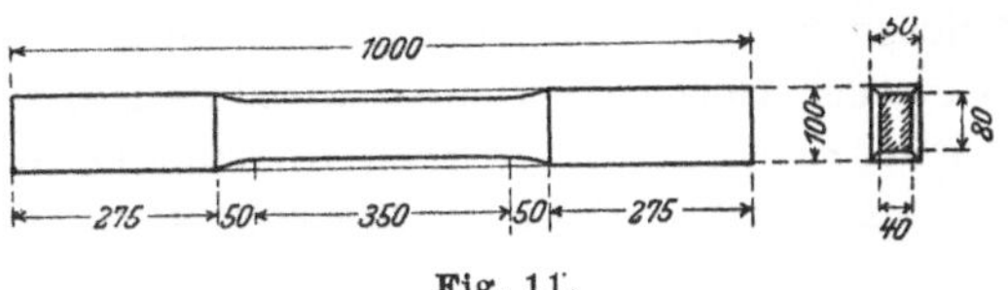

Fig. 11.

sellschaft, Gußstahlfabrik Essen/Ruhr, geliefert und sind aus hochwertigem Gußeisen hergestellt. Zur Erzielung einer möglichst gleichartigen Beschaffenheit des
Materials wurde stehender Guß aus einer Pfanne angewendet. Die im Rohzu-
stande etwa 10×5 cm betragenden Querschnittabmessungen wurden im mittleren Teile durch vorsichtiges Hobeln, Feilen und Schmirgeln bis auf 8×4 cm
verringert. Diese Bearbeitung hatte in erster Linie den Zweck, die Gußhaut
und die unmittelbar unter dieser befindliche, durch rascheres Abkühlen leicht
ungleichmäßig ausfallende Schicht zu beseitigen. Nachher wurden auch noch
an den Enden die oberen und unteren Flächen, die in den Schuhen der Biege-
einrichtung anliegen, eben und genau parallel gehobelt. Bei der Einspannung
der Balkenenden wurden als Beilagen passende Flacheisenstücke, zum Teil auch
Blättchen aus Pappe verwendet.

Die bei der Firma Friedr. Krupp ausgeführte chemische Analyse ergab folgende Zusammensetzung:

$$C = 3{,}46 \text{ vH} \qquad\qquad P = 0{,}098 \text{ vH}$$
$$Si = 0{,}82 \text{ »} \qquad\qquad S = 0{,}090 \text{ »}$$
$$Mn = 0{,}54 \text{ »}$$

Die Aktien-Gesellschaft Friedr. Krupp hat die zur Verwendung gekommenen
Probestäbe eigens zu diesem Zwecke angefertigt und hat durch ihr liebens-
würdiges Entgegenkommen die Durchführung der Versuche erst ermöglicht.

c) Die Feinmeßvorrichtungen.

Aus den im vorhergehenden Abschnitt abgeleiteten Formeln für die Spannungen σ_1 und σ_2 geht hervor, daß zu ihrer Ausrechnung neben der bekannten
Größe des Biegungsmomentes M nur noch die jeweils zu diesem gehörigen Dehnungen ε_1 und ε_2 der beiden äußersten Fasern des Balkens erforderlich sind.
Damit ist dann auch $\varkappa = \dfrac{\varepsilon_1 + \varepsilon_2}{h}$ bestimmt.

---

[1]) Von dieser Vorrichtung unterscheidet sich die in der Fußbemerkung 1 auf S. 40 erwähnte
Biegungseinrichtung der Stuttgarter Material-Prüfungsanstalt dadurch, daß das Biegungsmoment
dort durch zwei Rollenpaare unmittelbar auf den Balken übertragen wird. Der Abstand der
beiden Widerlagerrollen beträgt in der Regel 2000 mm, kann aber bis auf 3000 mm vergrößert
werden, während die beiden Belastungsrollen einen größten Abstand von 1000 mm aufweisen.
(Vergl. Mitteilungen über Forschungsarbeiten, Heft 39, S. 7.)

Als Feinmeßvorrichtungen zur Ermittlung der Längenänderungen der oberen und unteren Fasern des Balkens dienten Martenssche Spiegelapparate, deren Konstruktion auf dem Grundgedanken der Gaußschen Spiegelablesung mit Fernrohr und Skala beruht. Als Meßstrecke wurde bei sämtlichen Biegeversuchen eine Länge von 10 cm genau in der Mitte des Balkens angenommen. Die Drehung des mit der rhombischen Stahlschneide auf einer Achse sitzenden Spiegels bei Aenderumgen der Meßstrecke infolge der Dehnungen ist dem Skalenausschlag proportional, so lange der Drehwinkel nur klein ist. Es könnte nun aber außer diesen Achsendrehungen noch eine Bewegung des ganzen Balkens mitsamt den Spiegeln vorkommen. Um diese festzustellen, müßte etwa noch ein dritter Spiegel fest mit dem Balken verbunden werden und mit Hülfe eines weiteren, auf diesen gerichteten Fernrohrs könnten etwaige Bewegungen des ganzen Balkens überwacht werden. Diese Einrichtung erschien jedoch recht wenig bequem. Es wurde daher einer anderen Anordnung der Vorzug gegeben, durch die etwaige Bewegungen des Balkens fast vollständig unschädlich gemacht werden können.

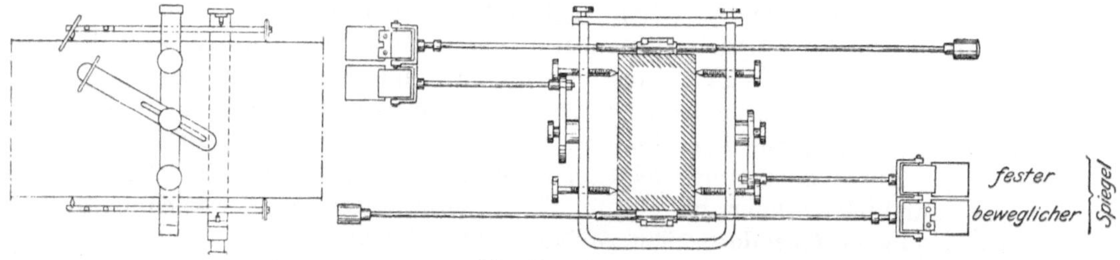

Fig. 12 und 13.

Genau in der Mitte des Balkens wurde ein kräftiger, diesen umfassender Rahmen mit Hülfe von vier Schrauben befestigt, Fig. 12 u. 13. Auf jeder Seite war nun ein fester Spiegel mit diesem Rahmen und dadurch auch mit dem Balken selbst so verbunden, daß er dem beweglichen, mit den Schneidenkörper drehbaren Spiegel gegenüber gestellt werden konnte. Der von der Skala herkommende Lichtstrahl wurde nun nicht, wie gewöhnlich, nach einmaliger Reflexion an dem drehbaren Spiegel in das Fernrohr geleitet; dieses wurde vielmehr auf den festen Spiegel gerichtet und der Lichtstrahl erst nach zweimaliger Reflexion an den beiden Spiegeln in das Fernrohr geschickt.

d) Genauigkeitsgrad der Beobachtungsergebnisse.
(Fehlerquellen und günstigste Anordnung.)

Die Wirkungsweise der im vorhergehenden Absatz beschriebenen Versuchseinrichtung ist nun die folgende:

In dem auf den festen Spiegel gerichteten Fernrohr erblickt man nach zweimaliger Spiegelung, Fig. 14, das Bild der Skala, dessen Verschiebung gegen das Fadenkreuz des Fernrohrs, die bei einer Drehung des beweglichen Spiegels eintritt, abgelesen werden kann. Ist der Drehungswinkel α, so beträgt die Längenänderung innerhalb der Meßstrecke

$$\lambda = b \sin \alpha,$$

wenn b die Breite des Schneidenkörpers bedeutet. Die Ablesung des Skalenausschlages a beträgt, da der Lichtstrahl wegen der Spiegelwirkung den Winkel 2α durchläuft,

$$a = e \operatorname{tg} 2\alpha,$$

worin e die Entfernung der Skala von dem beweglichen Spiegel bedeutet. Man erhält daher das Uebersetzungsverhältnis

$$\frac{\lambda}{a} = \frac{b \sin \alpha}{e \operatorname{tg} 2\alpha},$$

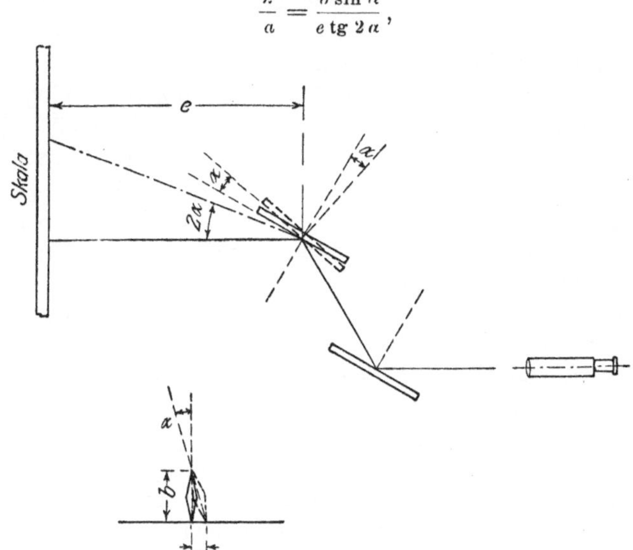

Fig. 14.

oder, da der Winkel α immer sehr klein ist und daher sin und tg gleich dem Bogen gesetzt werden können,

$$\frac{\lambda}{a} = \frac{b}{2e}.$$

Bei den vorliegenden Messungen war $b = 0{,}634$ cm, e wurde meist $= 158{,}5$ cm gewählt, so daß sich ein Uebersetzungsverhältnis

$$\frac{\lambda}{a} = \frac{0{,}634}{158{,}5} = \frac{1}{500}$$

ergab. Da noch $^1/_{10}$ mm mit ziemlicher Genauigkeit abgelesen werden konnte, so erhielt man die Dehnungen in $^1/_{5000}$ mm. Bei denjenigen Biegeversuchen, die bis zum Bruch des Stabes fortgesetzt wurden, mußte der Skalenabstand e auf die Hälfte des vorigen eingeschränkt werden, da sonst die Länge der Skala ($= 30$ cm) für die Messung der Ausschläge nicht mehr ausgereicht hätte. Das Uebersetzungsverhältnis ist dann natürlich ebenfalls nur halb so groß, d. h. $^1/_{250}$.

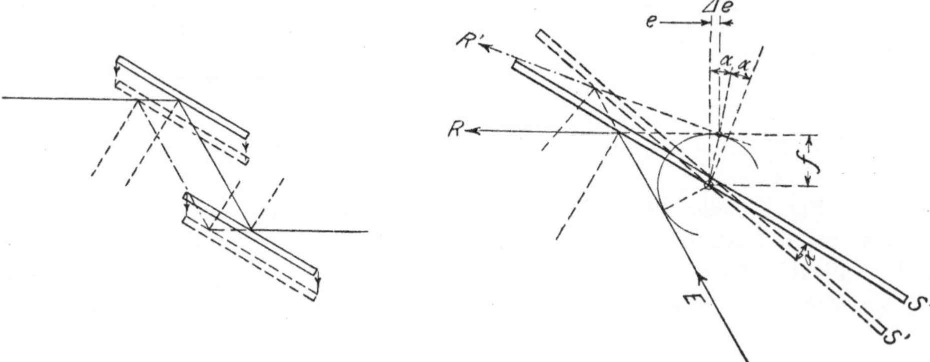

Fig. 15 und 16.

Diese theoretisch erreichbare Genauigkeit bei der Messung der Dehnungen von $^1/_{5000}$ bezw. $^1/_{2500}$ mm bei Ablesung von Zehntel-Millimetern an der Skala kann nun unter Umständen beeinträchtigt werden durch Bewegungen des ganzen Probestabes mit den Spiegeln im Raume. Diese Bewegungen können entweder in Parallelverschiebungen oder Drehungen bestehen. Parallelverschiebungen, die bei Senkung der Balkenmitte infolge von Durchbiegungen auftreten können, sind, wie man leicht erkennt, vollkommen unschädlich, solange die Stellung der beiden Spiegel parallel ist. Dies ist jedoch natürlich nur für den Anfangzustand genau möglich. Es entsteht daher die Frage, wie sich bei einer Durchbiegung der virtuelle Drehpunkt und damit dann auch der Skalenabstand e ändern wird infolge einer Drehung des oberen (beweglichen) Spiegels. Um auch diesen Punkt klarzustellen, ist in Fig. 15 und 16 der drehbare Spiegel in vergrößertem Maßstabe in seiner ursprünglichen und in der gedrehten Lage gezeichnet. Die anfängliche Lage sei S, die gedrehte S', der Drehungswinkel α, die Durchbiegung f. Dann müssen offenbar der einfallende Strahl E und der reflektierte R einen Kreis mit dem Halbmesser f um den Drehpunkt des Spiegels berühren infolge ihrer symmetrischen Lage gegenüber der Spiegelebene S. Ebenso muß aber auch in der gedrehten Lage der reflektierte Strahl R' diesen Kreis berühren wegen seiner zu E symmetrischen Lage in bezug auf S'. R und R' sind also zwei Tangenten an den Kreis mit dem Halbmesser f. Ihre Richtungen schließen einen Winkel 2α ein. Ihr Schnittpunkt ist der virtuelle Drehpunkt. Daher ist die Veränderung des Skalenabstandes e

$$\varDelta e = f \operatorname{tg} \alpha.$$

Bei der größten vorgekommenen Durchbiegung $f = 30$ mm und dem äußersten Ablenkungswinkel $\alpha = 5^0 24' 22''$ (siehe das Folgende) wäre demnach

$$\varDelta e = 30 \operatorname{tg} 5^0 24' 22'' = 30 \cdot 0{,}0946 = \text{rd. } 2{,}84 \text{ mm},$$

also gegenüber $e = \dfrac{158{,}5}{2} = 792{,}5$ mm im angenommenen Falle ein verschwindend kleiner Betrag.

Bei einer Drehung des ganzen Stabes mit den Spiegeln um einen kleinen Winkel $\varDelta \alpha$ kann die vertikale Verschiebung $\varDelta y$ eines von einem bestimmten Skalenteil herkommenden Lichtstrahles in folgender Weise gefunden werden.

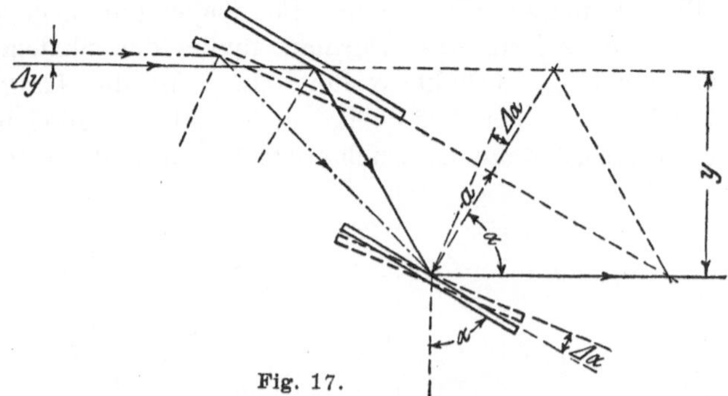

Fig. 17.

Es sei y, Fig. 17, der Abstand des von der Skala kommenden und des nach zweimaliger Reflexion in das Fernrohr gelangten Strahles, ferner a der Abstand beider Spiegel und α der für beide gleiche Neigungswinkel gegen die Vertikalebene. Dann ist, wie aus der Figur leicht abzulesen,

$$y = 2\,a \sin \alpha,$$

daher

$$\varDelta y = 2\,a \cos \alpha \,\varDelta \alpha.$$

Man wird daher, um eine mögliche Vertikalverschiebung des Lichtstrahles infolge einer Drehung der Spiegel auf das geringste Maß einzuschränken, den Abstand a der beiden Spiegel möglichst klein und den Neigungswinkel α gegen die Vertikalebene möglichst groß machen müssen. Uebrigens werden solche Drehungen nur in sehr geringem Maße auftreten können, da die Spiegelapparate genau in der Balkenmitte angebracht wurden, die infolge der Symmetrie der ganzen Anordnung sowie auch des Kraftangriffes in der lotrechten Mittelebene bleiben muß.

Außer durch Bewegungen des Balkens können noch Fehler entstehen, die in dem Verfahren selbst begründet sind. Wir hatten für den Ausschlag an der Skala

$$a = e \operatorname{tg} 2\,\alpha$$

und hatten bei kleinem Winkel α die Tangente durch den Bogen ersetzt. Es soll der Fehler ermittelt werden, der hierdurch entstehen kann. Die Länge der benutzten Skala betrug 30 cm. Sie wurde dem Spiegel so gegenübergestellt, daß das in ihrer Mitte errichtete Lot auf den Spiegel gerichtet war. Dann kann der größte Ausschlag nach jeder Seite hin 15 cm betragen. Dem entspricht bei einem Skalenabstand $e = 158{,}5$ cm ein Winkel, dessen Tangente

$$\operatorname{tg} 2\,\alpha = \frac{15}{158{,}5} = 0{,}09464; \quad \text{daher } 2\,\alpha = 5^0\,24'\,22''.$$

Bei diesem Winkel ist die Bogenlänge

$$\frac{2 \cdot 158{,}5\,\pi\,5^0\,24'22''}{360^0} = 14{,}955 \text{ cm},$$

daher ist der Unterschied zwischen Tangente und Bogen

$$15{,}000 - 14{,}955 = 0{,}045 \text{ cm}.$$

Bei Benutzung des kleineren Skalenabstandes $= \dfrac{158{,}5}{2}$ ergibt sich als größter Ausschlagwinkel $2\,\alpha_1$ ein Winkel, dessen Tangente

$$\operatorname{tg} 2\,\alpha_1 = \frac{15 \cdot 2}{158{,}5} = 0{,}18927 \text{ ist, daher } 2\,\alpha_1 = 10^0\,43'\,4''.$$

Diesem Winkel entspricht ein Bogen von

$$\frac{158{,}5\,\pi\,10^0\,43'\,4''}{2 \cdot 360^0} = 14{,}825 \text{ cm}$$

und daher ein größter Unterschied zwischen Tangente und Bogen von

$$15{,}000 - 14{,}825 = 0{,}175 \text{ cm}.$$

Diese größte Gesamtabweichung verteilt sich nun auf die einzelnen Ablesungen, und zwar derart, daß den größten Ausschlägen auch die größten Abweichungen entsprechen. Diese werden daher gerade bei den größten Belastungen eintreten, bei denen die unvermeidliche Unsicherheit der Ablesungen infolge der bedeutenden elastischen Nachwirkung schon so groß ist, daß daneben jene kleinen Abweichungen nicht wesentlich ins Gewicht fallen können.

Bei sämtlichen Versuchen wurde auch die Temperatur beobachtet. Da die die Meßstrecke begrenzenden Stäbe, welche die Schneidenkörper stützen, aus Aluminium bestehen, so erfahren sie eine andere Wärmeausdehnung als das Gußeisen der Probestäbe. Nimmt man die linearen Ausdehnungskoeffizienten für Aluminium 0,000023, für Gußeisen 0,000011 an, so ist bei einer Temperaturänderung um 1^0 und einer Meßstrecke von 10 cm der Unterschied der Ausdehnungen

$$(0{,}000023 - 0{,}000011) \cdot 10 = 0{,}00012 \text{ cm}.$$

4*

Bei einem Uebersetzungsverhältnis von 1 : 500 würde daher der dadurch hervorgerufene Ablesungsfehler an der Skala

$$0{,}00012 \cdot 500 = 0{,}06 \text{ cm}$$

betragen. Bei einem und demselben Versuch erreichte nun die Temperaturschwankung selten mehr als 1°. Auch dieser Fehler kann daher als unerheblich angesehen werden.

Von einer Verbesserung der Beobachtungsergebnisse durch besondere, die angeführten Meßfehler berücksichtigende Berichtigungsglieder wurde abgesehen, da der Genauigkeitsgrad der gewonnenen Ergebnisse durch andere Faktoren, wie die Genauigkeit der Laufgewichteinstellung, die in dem Material begründete Unregelmäßigkeit und insbesondere durch die bei höheren Lasten sehr beträchtlichen elastischen Nachwirkungen in viel höherem Maße beeinflußt wird. Dagegen ging bei der ganzen Anlage der Versuche das Streben dahin, die aus den angeführten Ursachen entspringenden Fehler durch eine möglichst günstige Versuchsanordnung im Sinne der eben angestellten Betrachtungen auf das geringste Maß zurückzuführen.

III) Ergebnisse der Biegeversuche.

a) Allgemeine Uebersicht.

Es wurden im ganzen mit fünf Balken von der unter II b beschriebenen Form Biegeversuche angestellt. Die Balken wurden mit den Nummern 1 bis 5 bezeichnet und mögen im folgenden gleichfalls so benannt werden. Bei vier von diesen fünf Probebalken wurde die Belastung allmählich bis zum schließlich eintretenden Bruche gesteigert. Einer dagegen, nämlich Nr. 2, wurde nicht so weit belastet; an diesem wurde vielmehr das elastische Verhalten des Materials bei wiederholter Be- und Entlastung genauer beobachtet, wovon an späterer Stelle noch berichtet werden soll.

Von den übrigen vier Balken zeigten Nr. 1 und Nr. 5 eine bemerkenswerte Uebereinstimmung, so daß man ihr Verhalten wohl als das normale ansehen kann. Balken Nr. 3 und Nr. 4 wiesen dagegen wesentliche Abweichungen von diesen beiden auf, und zwar nach entgegengesetzten Richtungen hin. Sie stellen gewissermaßen 2 äußerste Fälle dar, indem der eine ein besonders hartes, wenig formänderungsfähiges, der andere dagegen ein weiches, stark umformbares Material aufweist. Diese Abweichungen sind insofern auffallend, als doch sämtliche Stäbe in einem Guß aus derselben Pfanne, also soweit überhaupt erreichbar, aus durchaus gleichartigem Material hergestellt worden waren. Sie dürften wohl in der Hauptsache auf Ungleichmäßigkeiten bei der Abkühlung zurückzuführen sein.

Bevor mit der Belastung begonnen wurde, war die Hebelwage stets erst genau auf die Nullstellung zurückgeführt worden, indem das Gewicht der Biegevorrichtung sowie des Balkens mit den Meßgeräten durch Verschiebung eines Gegengewichtes ausgeglichen wurde. Für eine genau wagerechte Lage der Hebelbalken der Biegevorrichtung und die lotrechte Stellung der Hängeeisen wurde mit Hülfe von Wasserwage und Senkel Sorge getragen. Da der Abstand der Schneiden, welche die in den Hängestangen wirkenden Kräfte auf den Balken bezw. die mit ihm fest verbundenen Einspannschuhe übertragen, 25 cm beträgt, diese Kräfte aber je gleich der halben, von der Maschine ausgeübten Kraft P (gemessen in kg) sind, so ergibt sich das Biegungsmoment

$$M = \frac{P}{2} \cdot 25 \text{ in kgcm.}$$

Da dieser Wert stets der Belastung P proportional ist, möge der Einfachheit halber zunächst von dem konstanten Faktor $\frac{25}{2}$ abgesehen und kurz von der Belastung P gesprochen werden.

b) Genauere Besprechung der Beobachtungen mit Balken Nr. 5.

Es mögen nun die Versuchsergebnisse, zunächst einmal im Anschluß an die Versuche mit Balken Nr. 5 etwas genauer besprochen werden. Der Balken wurde einer von null an allmählich gesteigerten Belastung ausgesetzt, wobei das Laufgewicht zunächst bis zu einer Last von 9000 kg in Stufen von je 500 kg eingestellt und beim jedesmaligen Einspielen der Wage die Dehnungen der oberen und der unteren Faser sofort abgelesen wurden. Zwischen 9000 und 10000 kg wurden die Stufen auf 250 kg, über 10000 kg auf 100 kg verringert, da hier das Eintreten des Bruches bereits bald erwartet werden mußte.

Die Zahlenwerte der Versuchsergebnisse sind in Zahlentafel I zusammengestellt, und zwar enthält die 1. Spalte die Belastungen in kg, die 2. die diesen Lasten entsprechenden Biegungsmomente $M = P\frac{25}{2}$ in kgcm, die 3. und 4. die Dehnungen ε_1 und ε_2 auf der unteren, gezogenen und der oberen, gedrückten Seite des Stabes innerhalb der Meßstrecke von 10 cm. In die 5. Spalte wurden die Werte $\varkappa = \varepsilon_1 + \varepsilon_2$ eingetragen, wobei der konstante Faktor $\frac{1}{h}$ weggelassen wurde. Dadurch wird nur der Maßstab bei der Auftragung der Werte geändert. Mit $\varkappa$ ist nämlich der reziproke Wert des Krümmungshalbmessers bezeichnet:

$$\varkappa = \frac{1}{\varrho} = \frac{\varepsilon_1 + \varepsilon_2}{h}\,.$$

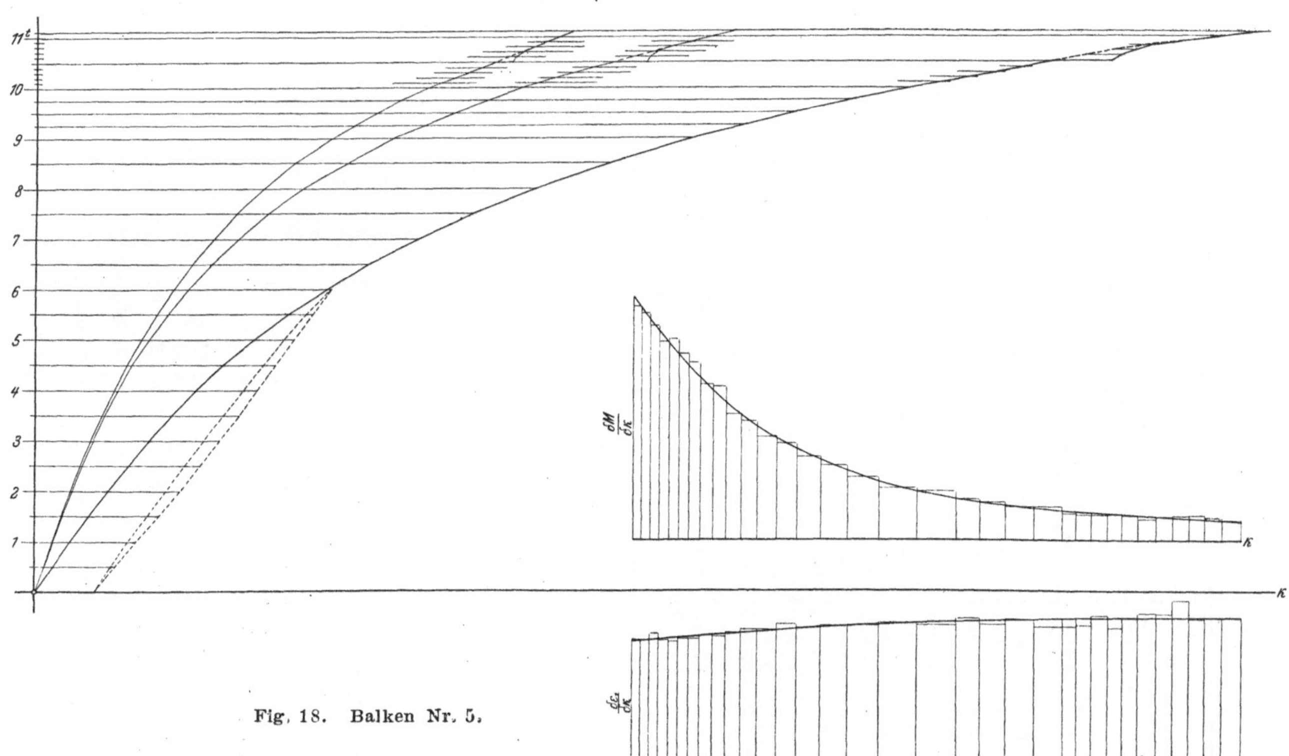

Fig. 18. Balken Nr. 5.

Zahlentafel I. Balken Nr. 5. $b = 4{,}035$ cm, $h = 8{,}031$ cm.

1	2	3	4	5	6	7	8	9	10	11	12	13	14	15	16	17	18	19	20
P	$M=P\cdot\frac{25}{2}$	ε_1	ε_2	$x=\varepsilon_1+\varepsilon_2$ [1]	ΔM	$\Delta\varepsilon_1$	$\Delta\varepsilon_2$	Δx	$\frac{\Delta M}{\Delta x}$	$\frac{\Delta\varepsilon_1}{\Delta x}$	$\frac{\Delta\varepsilon_2}{\Delta x}$	$\frac{\partial M}{\partial x}$	$\frac{\partial\varepsilon_1}{\partial x}$	$\frac{\partial\varepsilon_2}{\partial x}$	$Z=2M+x\frac{\partial M}{\partial x}$	$N_1=bh^2\frac{\partial\varepsilon_1}{\partial x}$	$N_2=bh^2\frac{\partial\varepsilon_2}{\partial x}$	$\sigma_1=\frac{Z}{N_1}$	$\sigma_2=\frac{Z}{N_2}$
kg	kgcm	in $^1/_{2500}$ mm	in $^1/_{2500}$ mm	in $^1/_{2500}$ mm								ausgeglichene Werte	ausgeglichene Werte	ausgeglichene Werte				kg/qcm	kg/qcm
0	0	0	0	0															
					6250	34	33	67	93,3	0,508	0,492	92,0	0,505	0,495	18 670	131,2	128,7	143	145
500	6 250	34	33	67															
					»	35	34	69	90,6	0,508	0,492	87,0	0,508	0,492	36 830	132,0	127,8	279	289
1 000	12 500	69	67	136															
					»	39	34	73	85,6	0,533	0,467	82,6	0,512	0,488	54 760	132,8	127,0	412	431
1 500	18 750	108	101	209															
					»	40	39	79	79,2	0,507	0,493	77,6	0,514	0,486	72 300	133,6	126,3	542	572
2 000	25 000	148	140	288															
					»	39	39	78	80,2	0,500	0,500	73,3	0,517	0,483	89 300	134,2	125,6	664	712
2 500	31 250	187	179	366															
					»	43	41	84	74,4	0,512	0,488	68,9	0,520	0,480	105 980	135,0	124,8	785	847
3 000	37 500	230	220	450															
					»	45	43	88	71,0	0,511	0,489	64,2	0,523	0,477	122 050	136,0	124,1	912	983
3 500	43 750	275	263	538															
					»	53	48	101	61,9	0,524	0,476	59,2	0,526	0,474	137 780	136,8	123,5	1004	1118
4 000	50 000	328	311	639															
					»	53	49	102	61,3	0,520	0,480	54,6	0,530	0,470	152 900	137,8	122,2	1110	1250
4 500	56 250	381	360	741															
					»	67	58	125	50,0	0,535	0,465	49,5	0,534	0,466	167 900	138,8	121,1	1208	1387
5 000	62 500	448	418	866															
					»	72	60	132	47,4	0,546	0,454	45,0	0,539	0,461	182 300	140,0	120,0	1302	1520
5 500	68 750	520	478	998															
					»	83	69	152	41,2	0,546	0,454	40,3	0,544	0,456	196 300	141,6	118,4	1386	1660
6 000	75 000	603	547	1150															
					»	92	70	162	38,6	0,568	0,432	36,2	0,550	0,450	210 000	143,0	117,0	1467	1793
6 500	81 250	695	617	1312															
					»	105	84	189	33,2	0,555	0,445	31,8	0,558	0,442	222 700	145,0	114,8	1540	1942
7 000	87 500	800	701	1501															
					»	118	92	210	29,8	0,562	0,438	27,5	0,564	0,436	234 500	146,7	113,2	1596	2070
7 500	93 750	918	793	1711															
					»	140	109	249	25,2	0,562	0,438	23,3	0,566	0,434	245 700	147,2	113,0	1668	2176
8 000	100 000	1058	902	1960															
					»	172	128	300	20,8	0,573	0,427	19,4	0,572	0,428	256 400	148,5	111,4	1725	2300
8 500	106 250	1230	1030	2260															
					»	180	140	320	19,5	0,562	0,438	16,6	0,578	0,422	267 900	150,0	109,8	1783	2438
9 000	112 500	1410	1170	2580															
					3125	115	80	195	16,1	0,590	0,410	15,2	0,582	0,418	273 450	151,0	108,8	1810	2510
9 250	115 625	1525	1250	2775															
					»	115	83	203	15,4	0,565	0,435	14,0	0,585	0,415	279 200	152,0	108,0	1835	2590
9 500	118 750	1640	1338	2978															
					»	135	96	231	13,5	0,585	0,415	12,9	0,583	0,412	285 150	153,0	107,0	1860	2660
9 750	121 875	1775	1434	3209															
					»	130	104	234	13,3	0,555	0,445	11,9	0,590	0,410	291 000	153,5	106,5	1895	2732
10 000	125 000	1905	1538	3443															
					1250	65	52	117	10,7	0,555	0,445	11,6	0,590	0,410	293 800	153,5	106,5	1915	2750
10 100	126 250	1970	1590	3560															
					»	70	55	125	10,0	0,560	0,440	11,2	0,590	0,410	296 250	153,5	106,5	1930	2780
10 200	127 500	2040	1645	3685															
					»	75	50	125	10,0	0,600	0,400	10,8	0,590	0,410	298 700	153,5	106,5	1945	2800
10 300	128 750	2115	1695	3810															
					»	65	53	118	10,6	0,550	0,450	10,4	0,590	0,410	300 800	153,5	106,5	1960	2812
10 400	130 000	2180	1748	3928															
					»	75	52	127	9,8	0,591	0,409	10,0	0,590	0,410	303 050	153,5	106,5	1975	2828
10 500	131 250	2255	1800	4055															
					»	90	58	148	8,4	0,608	0,392	9,5	0,590	0,410	305 000	153,5	106,5	1985	2855
10 600	132 500	2345	1858	4203															
					»	80	52	132	9,4	0,606	0,394	9,1	0,590	0,410	306 900	153,5	106,5	2000	2872
10 700	133 750	2425	1910	4335															
					»	83	43	126	9,9	0,659	0,341	8,9	0,590	0,410	309 700	153,5	106,5	2015	2898
10 800	135 000	2508	1953	4461															
					»	72	51	123	10,2	0,585	0,415	8,6	0,590	0,410	311 900	153,5	106,5	2030	2920
10 900	136 250	2580	2004	4584															
					»	80	56	136	9,2	0,588	0,412	8,2	0,590	0,410	313 700	153,5	106,5	2040	2938
11 000	137 500	2660	2060	4720															
					»	92	65	157	7,9	0,586	0,414	7,8	0,590	0,410	315 500	153,5	106,5	2053	2955
11 100	138 750	2752	2125	4877															

[1] Eigentlich müßte $x = \frac{\varepsilon_1 + \varepsilon_2}{h}$ gesetzt werden. Der konstante Faktor $\frac{1}{h}$ konnte jedoch vorläufig wegbleiben, da sich für die Auftragung der Kurve $M = F(x)$ damit nur der Maßstab ändert. Bei der Ausrechnung der Werte für σ_1 und σ_2 wurde er indessen wieder berücksichtigt. Im Zähler kommt nur das Verhältnis $\frac{x}{\partial x}$ vor, in dem sich h von selbst heraushebt; im Nenner wurde dagegen $\frac{\partial \varepsilon_1}{\partial x}$ bezw. $\frac{\partial \varepsilon_2}{\partial x}$ mit bh^2, statt einfach mit bh, wie es in der Formel für σ_1 und σ_2 lautet, multipliziert (vergl. Spalte 17 und 18).

Die so gewonnenen Zahlenwerte wurden zunächst dazu benutzt, um in Fig. 18 in einem rechtwinkligen Koordinatensystem die Momente M als Funktion der Krümmung $\varkappa$ darzustellen. Nebenbei wurden auch noch die Kurven für M als Funktion von ε_1 und ε_2 einzeln aufgetragen. Die Werte von ε_1, ε_2 und $\varkappa$ wurden dabei für den Augenblick angenommen, in dem die betreffende Laststufe eben erreicht worden war. Eine so erhaltene Kurve stellt die jungfräuliche Kurve des Stabes dar, der vorher noch keinen Belastungen ausgesetzt worden war. Bei den höheren Lasten — etwa von 6000 kg an — machte sich die elastische Nachwirkung in zunehmendem Maße bemerkbar. Es wurde zwar auch jetzt nach Möglichkeit sofort beim Einspielen der Wage abgelesen[1]); bevor jedoch eine Steigerung der Belastung vorgenommen wurde, wurde anfangs 4, später 5 und zuletzt jedesmal 6 Minuten lang gewartet, d. h. so lange, als noch eine wesentliche Nachdehnung zu beobachten war. Der Bruch trat bei einer Belastung von 11 100 kg ein, nachdem diese Last 3 Minuten lang auf den Stab gewirkt hatte.

c) Ableitung der Zug- und Druckkurven aus den Biegeversuchen.

Um nun die Werte der Zug- und Druckbeanspruchungen aus den eben beschriebenen Biegeversuchen abzuleiten, wurden die aus den Beobachtungen gefundenen Zahlenwerte in die Formeln für σ_1 und σ_2 eingesetzt, die im Abschnitt I, Absatz b abgeleitet wurden:

$$\sigma_1 = \frac{2\,M + \varkappa\,\dfrac{\partial M}{\partial \varkappa}}{b\,h\,\dfrac{\partial \varepsilon_1}{\partial \varkappa}} \quad \text{und} \quad \sigma_2 = \frac{2\,M + \varkappa\,\dfrac{\partial M}{\partial \varkappa}}{b\,h\,\dfrac{\partial \varepsilon_2}{\partial \varkappa}} \quad \text{(vergl. S. 44).}$$

Dabei muß noch kurz erläutert werden, wie die Differentialquotienten $\dfrac{\partial M}{\partial \varkappa}$, $\dfrac{\partial \varepsilon_1}{\partial \varkappa}$ und $\dfrac{\partial \varepsilon_2}{\partial \varkappa}$ gefunden wurden. Da wir ja nur einzelne Punkte der Kurve $M = F(\varkappa)$ unmittelbar beobachtet haben, deren stetiger Verlauf nicht etwa durch ihre Gleichung gegeben ist, so können wir zunächst nur die Mittelwerte $\dfrac{\varDelta M}{\varDelta \varkappa}$, $\dfrac{\varDelta \varepsilon_1}{\varDelta \varkappa}$, $\dfrac{\varDelta \varepsilon_2}{\varDelta \varkappa}$ der Differentialquotienten innerhalb des Intervalles $\varDelta \varkappa$ berechnen. Die so gefundenen Mittelwerte wurden dann zu einem treppenförmig abgestuften Linienzug aneinandergereiht, wie in Fig. 18 dargestellt. Dieser wurde dann schließlich durch eine stetig verlaufende Kurve ersetzt, die sich ihm möglichst genau anschließt, so daß die von der Kurve abgeschnittenen Flächenstückchen oberhalb und unterhalb der Ausgleichlinie die algebraische Summe null ergeben. Die Ordinaten dieser Kurven, die sich jetzt von Punkt zu Punkt stetig ändern, wurden nun aus der Zeichnung abgegriffen und als »ausgeglichene Werte« in Spalte 13—15 der Zahlentafel eingetragen. Dabei ist noch zu bemerken, daß sich 2 zusammengehörige Werte $\dfrac{\partial \varepsilon_1}{\partial \varkappa}$ und $\dfrac{\partial \varepsilon_2}{\partial \varkappa}$ stets zu 1,000 ergänzen müssen. Es genügt daher, wenn die Ausgleichung für einen der beiden Werte durchgeführt wird. Da die beiden Ausdrücke für σ_1 und σ_2 denselben Zähler haben, wurde dieser zunächst in Spalte 16 der Zahlentafel I ausgerechnet, dann in den beiden folgenden Spalten 17 und 18 die beiden Nenner und schließlich in den beiden letzten Spalten die Werte der Zug- und Druckspannungen σ_1 und σ_2, die sich als die Quotienten der vorhergehenden Zahlen ergeben.

---

[1]) Um die beiden Ablesungen wirklich möglichst gleichzeitig zu erhalten, ließ ich die eine von Hrn. Maschinenmeister Brandt ausführen, während ich selbst das zweite Fernrohr bediente und auch jene erste Ablesung unmittelbar darauf nachprüfte.

Mit Hülfe der so gefundenen Werte wurden nun in Fig. 19 die Zug- und Druckkurven aufgetragen, indem auf der Achse der Dehnungen in der positiven Richtung die Werte ε_1, in der negativen die ε_2 und auf der Achse der Spannungen nach der positiven Seite die Zugspannungen σ_1, nach der negativen die Druckspannungen σ_2 abgetragen wurden.

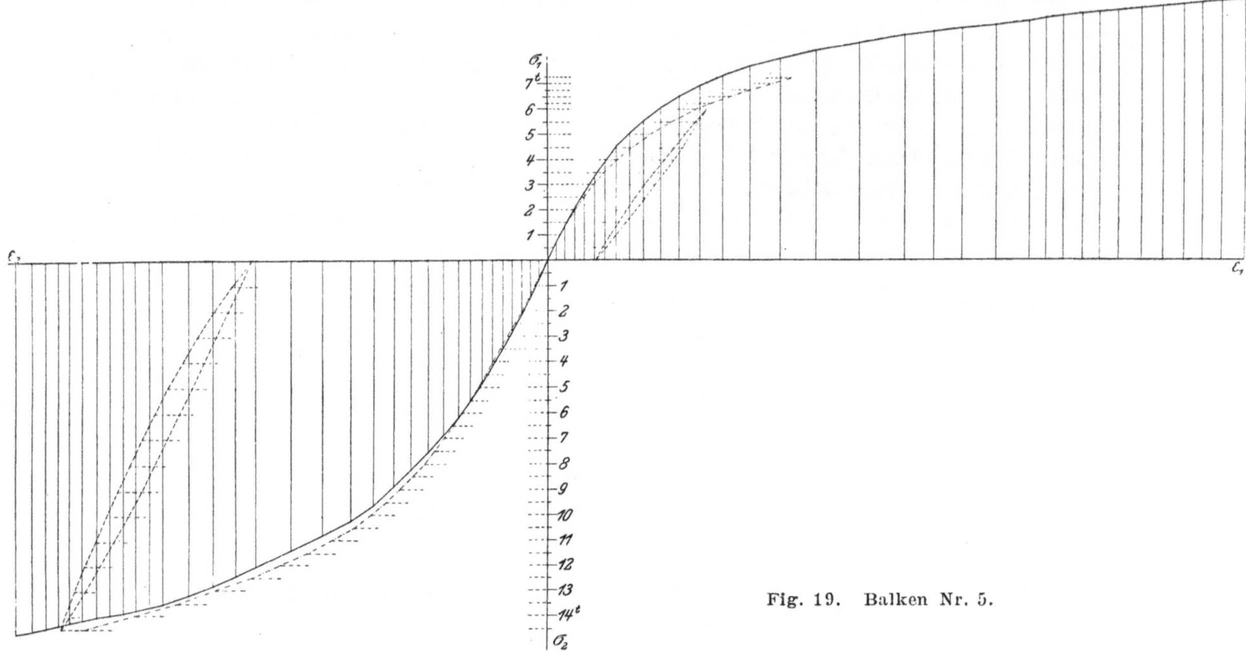

Fig. 19. Balken Nr. 5.

d) Versuchsergebnisse mit den übrigen Balken.

In der eben beschriebenen Weise wurden nun auch die Versuchsergebnisse mit Balken Nr. 1 ausgewertet. In Zahlentafel II findet sich die Zusammenstellung der beobachteten Zahlenwerte und die Ausrechnung der den jeweiligen Momenten entsprechenden Zug- und Druckspannungen. Der Bruch erfolgte hier bei einer Belastung von 10 600 kg, nachdem diese 3 Minuten lang gewirkt hatte, also etwas früher, als bei Balken Nr. 5. Im übrigen zeigen die beiden Biegungskurven einen sehr ähnlichen Verlauf. Dasselbe gilt natürlich auch für die aus ihnen abgeleiteten Zug- und Druckkurven. Die beiden Linien sind in derselben Weise, wie bei Balken Nr. 5, und im gleichen Maßstabe in Fig. 20 und 21 dargestellt.

Einen vollständig abweichenden Verlauf der betreffenden Kurven zeigen dagegen die beiden Balken Nr. 3 und Nr. 4 sowohl untereinander als auch im Vergleich zu den beiden ersten. Die für diese Balken aus den Beobachtungen erhaltenen Zahlenwerte und die damit berechneten Spannungen sind in den beiden folgenden Zahlentafeln III und IV zusammengestellt. In den Figuren 22 und 23 sind dann die beiden Kurven für Balken Nr. 3 und in den Figuren 24 und 25 die entsprechenden Kurven für Balken Nr. 4 im gleichen Maßstabe zur Anschauung gebracht.

Bei Balken Nr. 3 zeigte das Material auffallend geringe Formänderungen und eine besonders hohe Zugfestigkeit. Der Bruch trat nach Erreichung einer Last von 11 200 kg ein. Die Dehnungen wurden jedoch nur bis zu einer Be-

Zahlentafel II. Balken Nr. 1. $b = 4{,}018$ cm, $h = 8{,}024$ cm.

1	2	3	4	5	6	7	8	9	10	11	12	13	14	15	16	17	18	19	20
P	$M=P\cdot\frac{25}{2}$	ε_1	ε_2	$\varkappa=\varepsilon_1+\varepsilon_2$	ΔM	$\Delta\varepsilon_1$	$\Delta\varepsilon_2$	$\Delta\varkappa$	$\frac{\Delta M}{\Delta\varkappa}$	$\frac{\Delta\varepsilon_1}{\Delta\varkappa}$	$\frac{\Delta\varepsilon_2}{\Delta\varkappa}$	$\frac{\partial M}{\partial\varkappa}$	$\frac{\partial\varepsilon_1}{\partial\varkappa}$	$\frac{\partial\varepsilon_2}{\partial\varkappa}$	$Z=2M+\varkappa\frac{\partial M}{\partial\varkappa}$	$N_1=bh^2\frac{\partial\varepsilon_1}{\partial\varkappa}$	$N_2=bh^2\frac{\partial\varepsilon_2}{\partial\varkappa}$	$\sigma_1=\frac{Z}{N_1}$	$\sigma_2=\frac{Z}{N_2}$
kg	kgcm	in $^1/_{2500}$ mm										ausgeglichene Werte						kg/qcm	kg/qcm
0	0	0	0	0															
500	6 250	30	30	60	6250	30	30	60	104,2	0,500	0,500	100,2	0,503	0,497	18 510	130,0	128,5	142	144
1 000	12 500	63	62	125	»	33	32	65	96,1	0,508	0,492	98,2	0,506	0,494	36 780	130,8	127,7	281	288
1 500	18 750	98	95	193	»	35	33	68	91,9	0,514	0,486	88,4	0,509	0,491	54 580	131,7	126,8	414	430
2 000	25 000	134	131	265	»	36	36	72	86,7	0,500	0,499	82,9	0,512	0,488	71 960	132,4	126,1	542	570
2 500	31 250	174	170	344	»	40	39	79	79,2	0,507	0,493	77,1	0,516	0,484	89 010	133,2	125,3	669	710
3 000	37 500	216	209	425	»	42	39	81	77,3	0,519	0,481	72,1	0,520	0,480	105 650	134,4	124,1	781	848
3 500	43 750	262	252	514	»	46	43	89	70,3	0,517	0,483	66,3	0,524	0,476	121 650	135,5	123,0	896	985
4 000	50 000	312	297	609	»	50	45	95	65,8	0,526	0,474	61,3	0,528	0,472	137 300	136,6	121,9	1004	1130
4 500	56 250	369	347	716	»	57	50	107	58,5	0,532	0,468	55,3	0,533	0,467	152 100	138,0	120,5	1104	1263
5 000	62 500	431	400	831	»	62	53	115	54,4	0,539	0,461	50,0	0,538	0,462	166 500	139,2	119,3	1195	1395
5 500	68 750	503	459	962	»	72	59	131	47,7	0,550	0,450	44,5	0,542	0,458	180 300	140,4	118,1	1284	1524
6 000	75 000	589	526	1115	»	86	67	153	40,8	0,562	0,438	38,6	0,548	0,452	193 000	141,6	116,9	1365	1650
6 250	78 125	635	561	1196	3125	46	35	81	38,6	0,567	0,432	36,7	0,551	0,449	200 150	142,3	116,2	1404	1722
6 500	81 250	685	597	1282	»	50	36	86	36,3	0,581	0,419	33,9	0,553	0,447	205 900	143,0	115,5	1440	1784
6 750	84 375	739	635	1374	»	54	38	92	34,0	0,587	0,413	31,6	0,556	0,444	212 150	143,8	114,7	1476	1847
7 000	87 500	798	676	1474	»	59	41	100	31,2	0,590	0,410	29,8	0,559	0,441	219 000	144,4	114,1	1514	1918
7 250	90 625	859	725	1584	»	61	49	110	28,3	0,554	0,446	27,5	0,561	0,439	224 950	145,0	113,6	1547	1976
7 500	93 750	929	775	1704	»	70	50	120	26,1	0,583	0,417	25,4	0,563	0,437	230 800	145,6	112,9	1582	2045
7 750	96 875	1009	839	1848	»	80	64	144	21,7	0,556	0,444	23,0	0,566	0,434	236 250	146,3	112,2	1615	2104
8 000	100 000	1093	908	2001	»	84	69	153	20,4	0,549	0,451	21,2	0,569	0,431	242 400	147,0	111,5	1650	2175
8 250	103 125	1182	980	2162	»	89	72	161	19,4	0,553	0,447	19,0	0,571	0,429	247 300	147,6	110,9	1678	2225
8 500	106 250	1278	1055	2333	»	94	75	171	18,3	0,550	0,439	17,1	0,573	0,427	252 400	148,2	110,3	1702	2280
8 750	109 375	1378	1133	2511	»	100	78	178	17,5	0,562	0,438	15,8	0,575	0,425	258 450	148,8	109,7	1735	2355
9 000	112 500	1485	1213	2698	»	107	80	187	16,7	0,573	0,427	15,0	0,576	0,424	265 400	149,0	109,5	1782	2425
9 250	115 625	1598	1236	2894	»	113	83	196	15,9	0,576	0,424	14,0	0,577	0,423	271 650	149,2	109,3	1822	2485
9 500	118 750	1724	1389	3113	»	126	93	219	14,3	0,577	0,423	12,9	0,578	0,422	277 700	149,4	109,1	1860	2540
9 750	121 875	1866	1491	3357	»	142	102	244	12,8	0,582	0,418	11,9	0,580	0,420	283 750	150,0	108,7	1890	2605
10 000	125 000	2046	1611	3657	»	180	120	300	10,4	0,600	0,400	10,4	0,582	0,418	288 000	150,5	108,0	1918	2665
10 100	126 250	2122	1666	3788	1250	76	55	131	9,6	0,580	0,420	9,9	0,583	0,417	290 000	150,8	107,7	1922	2695
10 200	127 500	2202	1726	3928	»	80	60	140	8,9	0,571	0,429	9,3	0,584	0,416	291 500	151,2	107,3	1928	2715
10 300	128 750	2287	1790	4077	»	85	64	149	8,4	0,570	0,430	8,7	0,585	0,415	292 950	151,4	107,1	1936	2730
10 400	130 000	2375	1858	4233	»	88	68	156	8,0	0,564	0,436	8,1	0,585	0,415	294 300	151,4	107,1	1940	2745
10 500	131 250	2479	1930	4409	»	104	72	176	7,1	0,590	0,410	7,5	0,586	0,414	295 550	151,6	106,9	1946	2760
10 600	132 500	2586	2008	4594	»	107	78	185	6,8	0,578	0,422	6,8	0,586	0,414	296 150	151,6	106,9	1952	2770

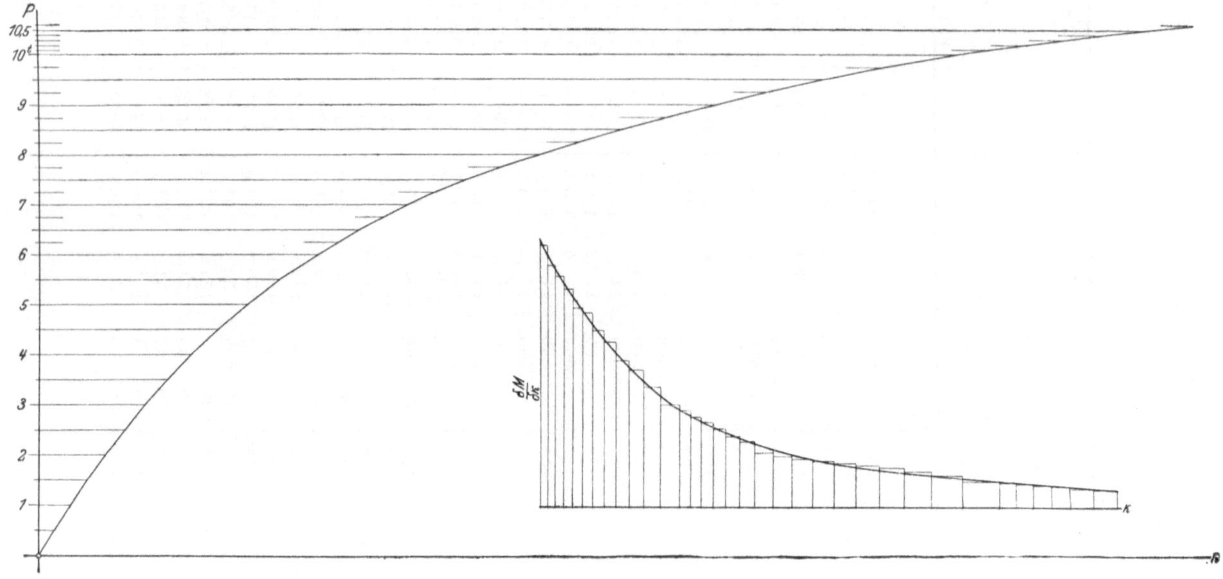

Fig. 20. Balken **Nr. 1.**

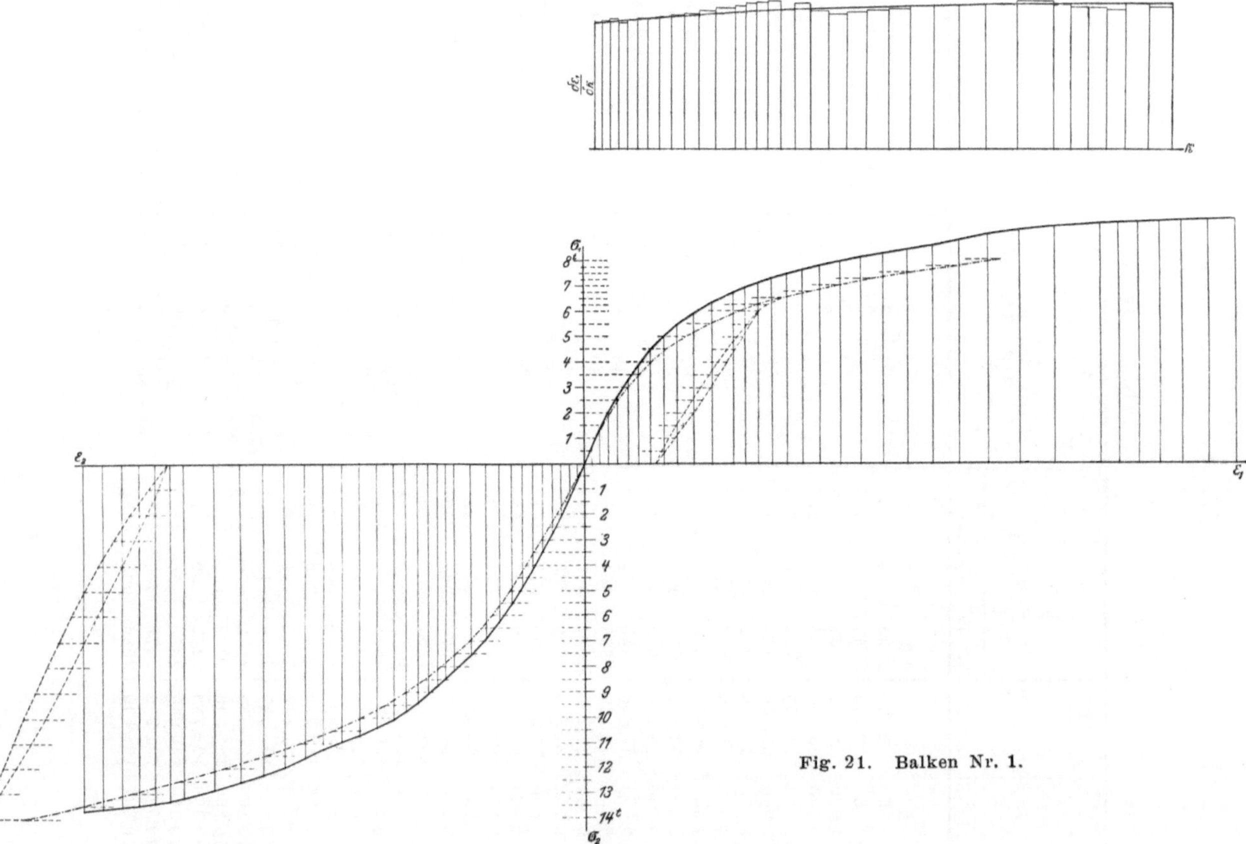

Fig. 21. Balken Nr. **1.**

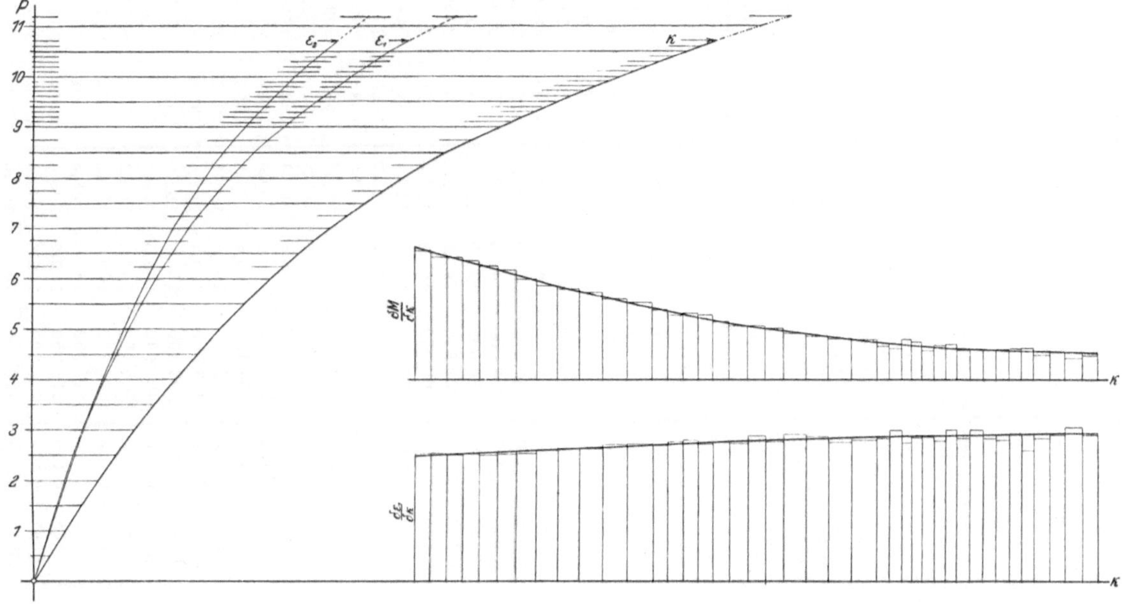

Fig. 22.   Balken Nr. 3.

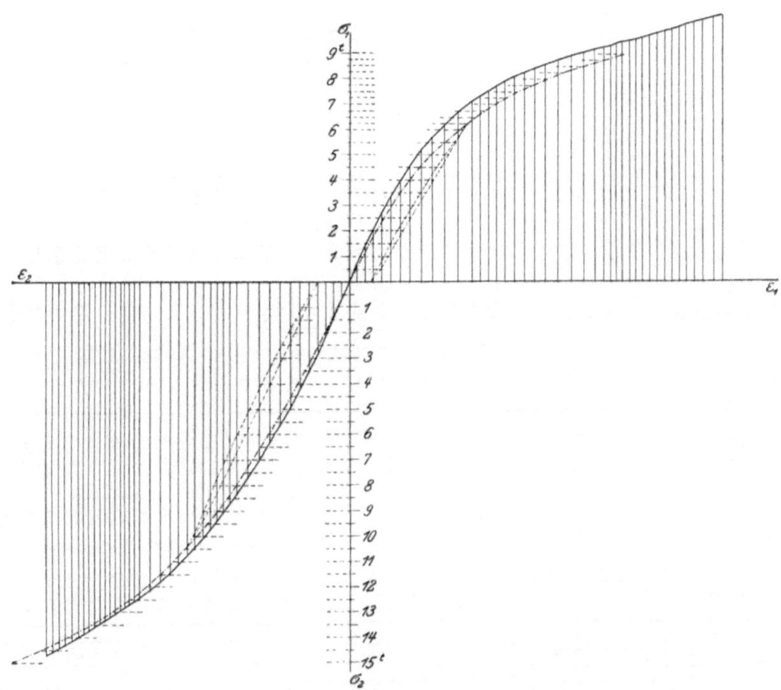

Fig. 23.   Balken Nr. 3.

Zahlentafel III. Balken Nr. 3. $b = 4{,}020$ cm, $h = 8{,}023$ cm.

Columns 13–15 are headed **ausgeglichene Werte**.

1	2	3	4	5	6	7	8	9	10	11	12	13	14	15	16	17	18	19	20
P	$M = P\cdot\frac{25}{2}$	ε_1	ε_2	$x = \varepsilon_1+\varepsilon_2$	ΔM	$\Delta\varepsilon_1$	$\Delta\varepsilon_2$	Δx	$\frac{\Delta M}{\Delta x}$	$\frac{\Delta\varepsilon_1}{\Delta x}$	$\frac{\Delta\varepsilon_2}{\Delta x}$	$\frac{\partial M}{\partial x}$	$\frac{\partial\varepsilon_1}{\partial x}$	$\frac{\partial\varepsilon_2}{\partial x}$	$Z = 2M + x\frac{\partial M}{\partial x}$	$N_1 = bh^2\frac{\partial\varepsilon_1}{\partial x}$	$N_2 = bh^2\frac{\partial\varepsilon_2}{\partial x}$	$\sigma_1 = \frac{Z}{N_1}$	$\sigma_2 = \frac{Z}{N_2}$
kg	kg m	in ¹/₅₀₀₀ mm																kg/qcm	kg/qcm
0	0	0	0	0															
500	6 250	62	60	122	6250	62	60	122	51,2	0,509	0,491	50,6	0,501	0,499	18 680	129,8	129,2	144	145
1 000	12 500	127	123	250	»	65	63	128	48,8	0,509	0,491	48,6	0,504	0,496	37 150	130,8	128,4	281	288
1 500	18 750	192	187	379	»	65	64	129	48,5	0,504	0,496	46,9	0,508	0,492	55 260	131,8	127,4	421	434
2 000	25 000	258	253	511	»	66	66	132	47,3	0,500	0,500	45,2	0,511	0,489	73 100	132,4	126,8	552	577
2 500	31 250	328	322	650	»	70	69	139	45,0	0,503	0,497	43,2	0,514	0,486	90 550	133,2	126,0	681	717
3 000	37 500	401	393	794	»	73	71	144	43,4	0,508	0,492	41,2	0,517	0,483	107 700	134,0	125,2	803	859
3 500	43 750	481	470	951	»	80	77	157	39,8	0,510	0,490	39,5	0,520	0,480	125 050	134,8	124,4	928	1006
4 000	50 000	568	550	1118	»	87	80	167	37,4	0,520	0,480	37,5	0,522	0,478	141 800	135,4	123,8	1046	1147
4 500	56 250	659	632	1291	»	91	82	173	36,2	0,526	0,474	35,3	0,527	0,473	158 050	136,4	122,8	1160	1286
5 000	62 500	754	717	1471	»	95	85	180	34,7	0,528	0,472	33,1	0,530	0,470	173 700	137,4	121,8	1261	1426
5 500	68 750	860	805	1665	»	106	88	194	32,2	0,546	0,454	30,9	0,534	0,466	189 000	138,4	120,8	1365	1565
6 000	75 000	971	898	1869	»	111	93	204	30,7	0,545	0,455	28,8	0,539	0,461	203 800	139,6	119,6	1458	1704
6 250	78 125	1032	950	1982	3125	61	52	113	27,7	0,540	0,460	27,3	0,544	0,456	208 900	141,0	118,2	1482	1766
6 500	81 250	1100	1004	2104	»	68	54	122	25,6	0,557	0,443	26,1	0,547	0,453	217 500	141,8	117,4	1538	1855
6 750	84 375	1166	1055	2221	»	66	51	117	26,7	0,564	0,436	25,0	0,550	0,450	224 300	142,4	116,8	1573	1918
7 000	87 500	1233	1105	2338	»	67	50	117	25,7	0,573	0,427	23,9	0,553	0,447	230 800	143,2	116,0	1610	1992
7 250	90 625	1308	1165	2473	»	75	60	135	23,2	0,555	0,445	22,9	0,557	0,443	238 000	144,2	115,0	1655	2070
7 500	93 750	1388	1230	2618	»	80	65	145	21,6	0,551	0,449	21,5	0,559	0,441	243 800	145,0	114,2	1680	2135
7 750	96 875	1472	1290	2762	»	84	60	144	21,7	0,583	0,417	20,4	0,561	0,439	250 050	145,5	113,7	1720	2200
8 000	100 000	1555	1360	2915	»	83	70	153	20,4	0,542	0,458	19,3	0,564	0,436	256 300	146,2	113,0	1748	2264
8 250	103 125	1655	1430	3085	»	100	70	170	18,4	0,588	0,412	18,3	0,568	0,432	262 650	147,2	112,0	1788	2349
8 500	106 250	1758	1505	3263	»	103	75	178	17,5	0,579	0,421	17,3	0,570	0,430	269 000	147,8	111,4	1820	2417
8 750	109 375	1864	1590	3454	»	106	85	191	16,3	0,555	0,445	16,2	0,573	0,427	274 750	148,6	110,6	1843	2480
9 000	112 500	1972	1675	3647	»	108	85	193	16,2	0,560	0,440	15,1	0,576	0,424	280 000	149,2	110,0	1880	2548
9 100	113 750	2025	1715	3740	1250	53	40	93	13,4	0,570	0,430	14,7	0,577	0,423	282 500	149,4	109,8	1888	2575
9 220	115 000	2085	1755	3840	»	60	40	100	12,5	0,600	0,400	14,2	0,578	0,422	284 400	149,6	109,6	1900	2594
9 330	116 250	2128	1790	3918	»	43	35	78	16,0	0,551	0,449	13,9	0,578	0,422	287 000	149,6	109,6	1920	2620
9 440	117 500	2175	1825	4000	»	47	35	82	15,3	0,573	0,427	13,6	0,579	0,421	289 400	149,6	109,6	1920	2620
9 500	118 750	2236	1870	4106	»	61	45	106	11,8	0,575	0,425	13,2	0,580	0,420	289 400	149,8	109,4	1935	2644
9 600	120 000	2287	1910	4197	»	51	40	91	13,7	0,560	0,440	13,2	0,580	0,420	291 700	150,2	109,0	1942	2668
9 700	121 250	2340	1945	4285	»	53	35	88	14,2	0,601	0,399	12,9	0,581	0,419	294 100	150,2	108,8	1956	2696
9 800	122 500	2400	1990	4390	»	60	45	105	11,9	0,570	0,430	12,7	0,581	0,419	297 000	150,4	108,8	1972	2724
9 900	123 750	2460	2030	4490	»	60	40	100	12,5	0,600	0,400	12,5	0,581	0,419	299 900	150,4	108,8	1990	2748
10 000	125 000	2520	2075	4595	»	60	45	105	11,9	0,570	0,430	12,2	0,582	0,418	302 300	150,6	108,6	2005	2775
10 100	126 250	2578	2120	4698	»	58	45	103	12,1	0,562	0,438	12,0	0,582	0,418	305 000	150,6	108,6	2023	2803
10 200	127 500	2638	2162	4800	»	60	42	102	12,3	0,589	0,411	11,9	0,582	0,418	308 400	150,6	108,6	2042	2835
10 300	128 750	2690	2210	4900	»	52	48	100	12,5	0,520	0,480	11,7	0,582	0,418	312 200	150,6	108,6	2063	2872
10 400	130 000	2762	2265	5027	»	72	55	127	9,8	0,568	0,432	11,5	0,582	0,418	313 900	150,6	108,6	2080	2890
10 500	131 250	2832	2315	5147	»	70	50	120	10,3	0,583	0,417	11,3	0,582	0,418	316 800	150,6	108,6	2098	2916
10 600	132 500	2920	2370	5290	»	88	55	143	8,7	0,615	0,385	11,2	0,582	0,418	320 300	150,6	108,6	2118	2950
10 700	133 750	2990	2420	5410	»	70	50	120	10,4	0,583	0,417	11,1	0,582	0,418	323 500	150,6	108,6	2140	2972
												11,0	0,582	0,418	327 010	150,6	108,6	2165	3010

Zahlentafel IV. Balken Nr. 4. $b = 4{,}046$ cm, $h = 8{,}050$ cm.

1	2	3	4	5	6	7	8	9	10	11	12	13	14	15	16	17	18	19	20
P	$M=P\cdot\frac{25}{2}$	ε_1	ε_2	$\varkappa=\varepsilon_1+\varepsilon_2$	ΔM	$\Delta\varepsilon_1$	$\Delta\varepsilon_2$	$\Delta\varkappa$	$\frac{\Delta M}{\Delta\varkappa}$	$\frac{\Delta\varepsilon_1}{\Delta\varkappa}$	$\frac{\Delta\varepsilon_2}{\Delta\varkappa}$	$\frac{\partial M}{\partial\varkappa}$	$\frac{\partial\varepsilon_1}{\partial\varkappa}$	$\frac{\partial\varepsilon_2}{\partial\varkappa}$	$Z=2M+\varkappa\frac{\partial M}{\partial\varkappa}$	$N_1=bh^2\frac{\partial\varepsilon_1}{\partial\varkappa}$	$N_2=bh^2\frac{\partial\varepsilon_2}{\partial\varkappa}$	$\sigma_1=\frac{Z}{N_1}$	$\sigma_2=\frac{Z}{N_2}$
kg	kgcm.	in $^1/_{2500}$ mm										ausgeglichene Werte						kg/qcm	kg/qcm
0	0	0	0	0															
500	6 250	31	35	66	6250	31	35	66	94,7	0,470	0,530	92,0	0,504	0,496	18 580	132,2	129,8	140	143
1 000	12 500	68	70	138	»	37	35	72	86,6	0,513	0,487	86,8	0,508	0,492	36 960	133,2	128,8	277	286
1 500	18 750	107	106	213	»	39	36	75	83,4	0,520	0,480	81,2	0,512	0,488	54 850	134,0	128,0	409	429
2 000	25 000	147	143	290	»	40	37	77	81,3	0,520	0,480	76,1	0,516	0,484	72 000	135,0	127,0	533	566
2 500	31 250	190	182	372	»	43	39	82	76,3	0,523	0,477	70,8	0,521	0,479	88 900	136,4	125,6	651	709
3 000	37 500	240	224	464	»	50	42	92	67,9	0,543	0,457	65,5	0,527	0,473	105 350	137,8	124,2	766	847
3 500	43 750	291	270	561	»	51	46	97	64,5	0,526	0,474	60,5	0,533	0,467	121 500	139,6	122,4	872	989
4 000	50 000	349	319	668	»	58	49	107	58,5	0,541	0,459	56,0	0,540	0,460	137 400	141,5	120,5	973	1140
4 500	56 250	413	370	783	»	64	51	115	54,4	0,556	0,444	51,2	0,546	0,454	152 650	143,0	119,0	1066	1285
5 000	62 500	484	423	907	»	71	53	124	50,4	0,572	0,428	46,5	0,552	0,448	167 200	144,4	117,6	1155	1422
5 500	68 750	568	486	1054	»	84	63	147	42,5	0,571	0,429	41,5	0,561	0,439	181 250	146,8	115,2	1236	1572
6 000	75 000	661	556	1217	»	93	70	163	38,3	0,571	0,429	36,3	0,570	0,430	194 200	149,4	112,6	1301	1722
6 250	78 125	714	594	1308	3125	53	38	91	34,3	0,581	0,419	33,5	0,575	0,425	200 050	150,8	111,2	1326	1800
6 500	81 250	772	635	1407	»	58	41	99	32,6	0,586	0,414	31,0	0,580	0,420	206 150	152,0	110,0	1356	1875
6 750	84 375	832	679	1511	»	60	44	104	30,1	0,578	0,422	28,4	0,585	0,415	211 650	153,3	108,7	1382	1942
7 000	87 500	899	726	1625	»	67	47	114	27,4	0,588	0,412	26,0	0,590	0,410	217 250	154,5	107,5	1406	2022
7 250	90 625	972	777	1749	»	73	51	124	25,2	0,589	0,411	23,6	0,596	0,404	222 450	156,2	105,8	1426	2102
7 500	93 750	1052	831	1883	»	80	54	134	23,3	0,597	0,403	21,7	0,601	0,399	228 400	157,6	104,4	1455	2185
7 750	96 875	1139	890	2029	»	87	59	146	21,4	0,596	0,404	19,8	0,609	0,391	234 000	159,6	102,4	1495	2288
8 000	100 000	1229	955	2184	»	90	65	155	20,2	0,580	0,420	18,0	0,617	0,383	239 400	161,8	100,2	1480	2390
8 250	103 125	1329	1027	2356	»	100	72	172	18,2	0,581	0,419	16,6	0,625	0,375	245 400	164,0	98,0	1500	2504
8 500	106 250	1444	1108	2552	»	115	81	196	15,9	0 586	0,411	14,9	0,632	0,368	250 600	165,8	96,2	1518	2606
8 750	109 375	1582	1193	2775	»	138	85	223	14,0	0,619	0,381	13,0	0,640	0,360	254 800	167,8	94,2	1520	2701
9 000	112 500	1752	1279	3031	»	170	86	256	12,2	0,664	0,336	11,5	0,650	0,350	259 760	170,2	91,8	1523	2820
9 100	113 750	1837	1320	3157	1250	85	41	126	9,9	0,674	0,326	10,9	0,654	0,346	261 900	171,4	90,7	1526	2890
9 200	115 000	1917	1360	3277	»	80	40	120	10,4	0,667	0,333	10,4	0,660	0,340	264 050	172,8	89,2	1529	2960
9 300	116 250	1990	1395	3285	»	73	35	108	10,6	0,676	0,324	9,9	0,664	0,336	236 000	174,2	87,8	1528	3025
9 400	117 500	2080	1440	3520	»	90	45	135	9,2	0,667	0,333	9,4	0,669	0,331	268 000	175,4	86,6	1531	3095
9 500	118 750	2180	1487	3667	»	100	47	147	8,5	0,680	0,320	9,1	0,672	0,328	270 900	176,0	86,0	1540	3150
9 600	120 000	2266	1526	3792	»	86	39	125	10,0	0,689	0,311	8,9	0,676	0,324	273 700	177,0	85,0	1545	3230
9 700	121 250	2370	1575	3945	»	101	49	153	8,2	0,680	0,320	8,6	0,680	0,320	276 450	178,0	84,0	1550	3295
9 800	122 500	2460	1618	4078	»	90	43	133	9,4	0,675	0,325	8,3	0,686	0,316	279 000	179,5	82,5	1557	3385
9 900	123 750	2582	1671	4253	»	122	53	175	7,2	0,698	0,302	8,0	0,690	0,310	281 900	180,5	81,5	1562	3460
10 000	125 000	2692	1721	4413	»	110	50	160	7,8	0,688	0,312	7,8	0,696	0,304	284 500	182,5	79,5	1558	3575
10 100	126 250	2820	1778	4598	»	128	57	185	6,8	0,691	0,309	7,3	0,702	0,298	286 000	184,0	78,0	1552	3660
10 200	127 500	2942	1830	4772	»	122	52	174	7,2	0,701	0,299	6,8	0,708	0,292	287 450	185,6	76,4	1554	3760
10 300	128 750	3072	1885	4957	»	130	55	185	6,8	0,702	0,298	6,5	0,710	0,290	289 700	186,0	76,0	1557	3810
10 400	130 000	3215	1944	5159	»	143	59	202	6,2	0,707	0,293	6,1	0,713	0,287	291 500	186,8	75,2	1562	3880
10 500	131 250	3375	2008	5383	»	160	64	224	5,6	0,713	0,287	5,6	0,716	0,284	292 600	187,5	74,6	1562	3925

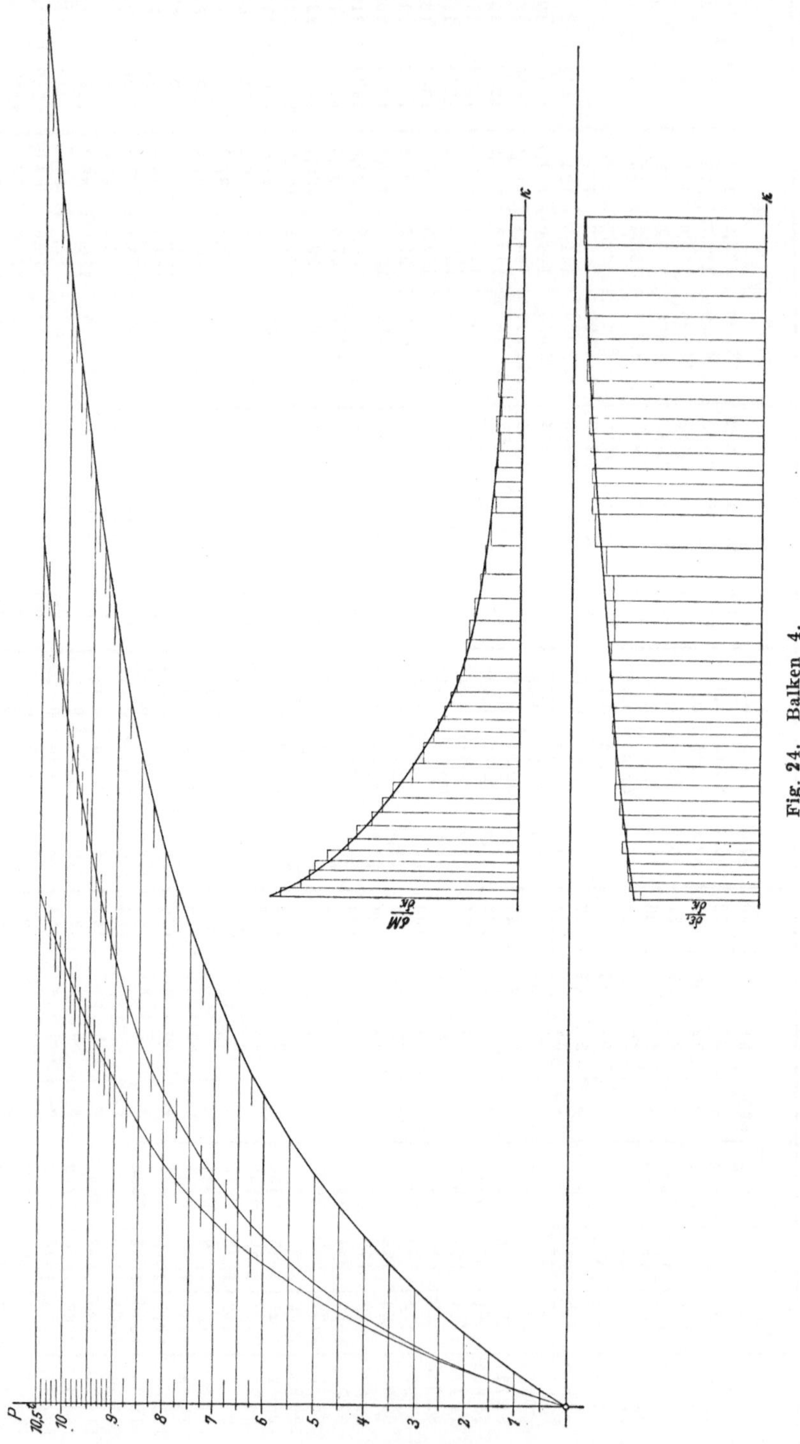

Fig. 24. Balken 4.

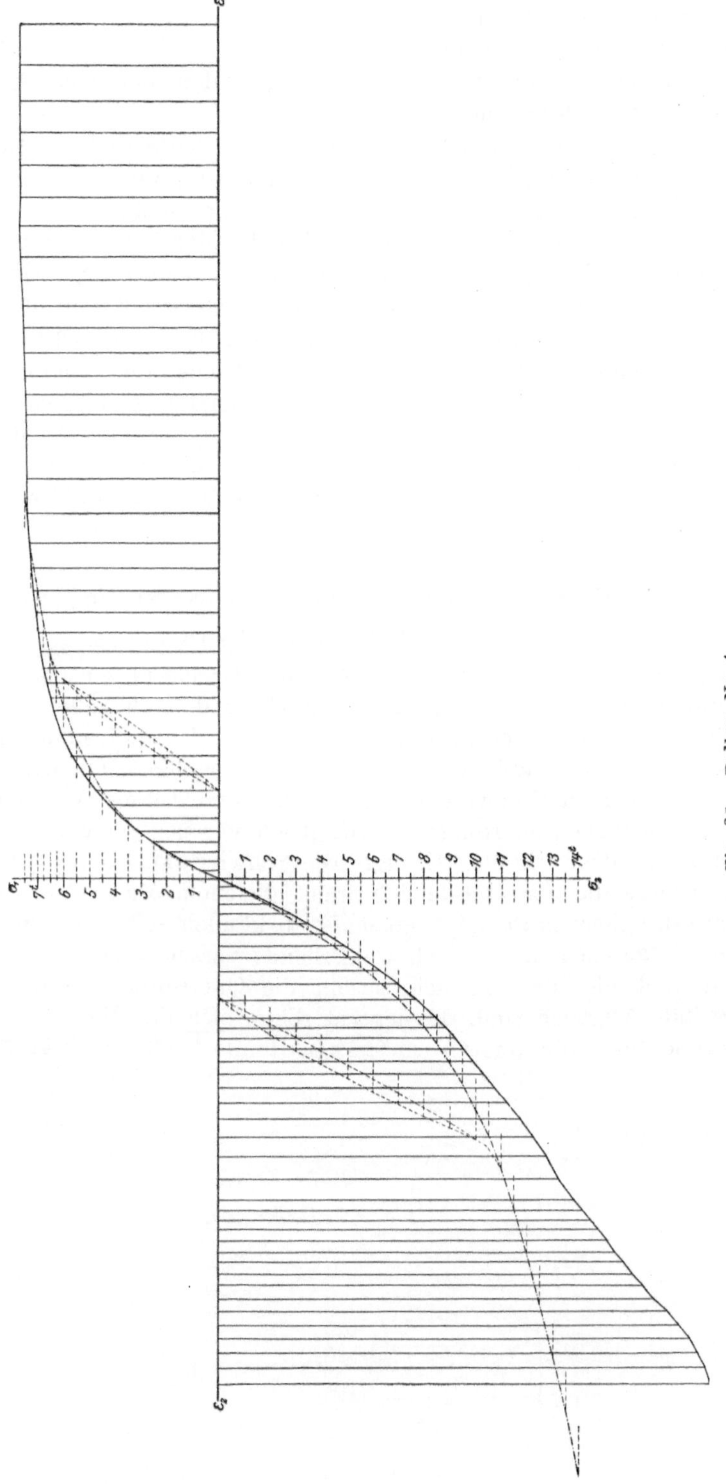

Fig. 25. Balken Nr. 4.

lastung von 10 700 kg beobachtet. Als diese Last erreicht war, wurden bei diesem Balken, der der erste war, welcher bis zum Bruche belastet wurde, die Spiegelapparate abgenommen in der Befürchtung, daß sie beim erfolgenden Bruche Schaden leiden könnten. Bei den späteren Versuchen wurden dann die Spiegelapparate mittels loser Schnüre an dem oberen Teil der Prüfungsmaschine aufgehängt, so daß sie beim Bruche nicht zu Boden fallen konnten, eine Anordnung, die sich auch bewährt hat.

Im Gegensatz zu Nr. 3 weist Balken Nr. 4 sehr bedeutende Formänderungen auf, besonders auf der gezogenen Seite, und eine geringe Zugfestigkeit. Die Zugspannung steigt von einer Belastung von 8500 kg an überhaupt nur noch sehr wenig und bleibt von 9800 kg bis zum Bruche, der bei 10 500 kg erfolgte, nahezu unverändert. Naturgemäß steigt dabei die Druckspannung erheblich an, und die neutrale Achse verschiebt sich stark nach der Druckseite hin.

Man erkennt daraus, wie große Unterschiede in dem elastischen Verhalten selbst bei einem Material, das aus demselben Guß aus einer Pfanne stammt, vorkommen können. Zur Erklärung dieses abweichenden Verhaltens wird man wohl annehmen müssen, daß die Abkühlung nach erfolgtem Guß bei den beiden Stäben unter sehr ungleichen Verhältnissen vor sich gegangen ist, und zwar derart, daß Balken Nr. 3 einer plötzlichen Abkühlung ausgesetzt war, Balken Nr. 4 dagegen sehr allmählich erkaltet ist.

IV) Ergebnisse der Zug- und Druckversuche.

a) Herstellung und Form der Probestäbe.

Wenn gegen das zur Ableitung der Zug- und Druckkurven aus den Biegeversuchen angewandte Verfahren auch wesentliche Bedenken kaum vorzuliegen scheinen, so wäre doch immerhin wertvoll, wenn die Uebereinstimmung dieser Kurven mit den aus unmittelbaren Zug- und Druckversuchen mit dem gleichen Material gewonnenen nachgewiesen werden könnte. Dieser Versuch wurde denn auch unternommen, allerdings — wie gleich vorausgeschickt werden soll — nicht ganz mit dem erhofften Erfolg. Die Schwierigkeit besteht hauptsächlich darin, Probestäbe von tatsächlich ganz gleichem Material zu erhalten. Stäbe, die aus der gleichen Pfanne gegossen sind, können selbst bei der gleichen Gestalt, wie wir gesehen haben, noch weitgehende Verschiedenheiten aufweisen. Um so mehr muß dies der Fall sein, wenn die Querschnittabmessungen der gegossenen Stäbe ungleich sind. In der Tat zeigte sich das Material bei einem Paar von Probestäben, die aus 3,2 cm starken Rundeisen herausgedreht waren,

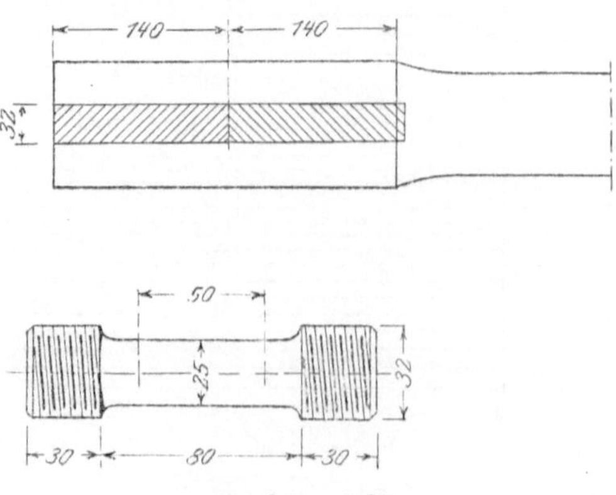

Fig. 26 und 27.

obwohl auch diese aus derselben Pfanne wie die Balken gegossen waren, erheblich dichter, und die Formänderungen waren dementsprechend geringer als bei dem Material der Balken.

Um daher für die Probestäbe, soweit irgend erreichbar, ein Material von den gleichen Eigenschaften, wie das der Balken, zu erhalten, wurden diese Stäbe aus den Balken selbst herausgearbeitet, Fig. 26 und 27. Es wurde dazu das eine Ende der Balken gewählt, welches bei den Biegeversuchen in den gußeisernen Schuhen eingespannt war, und zwar dasjenige, welches bei dem stehend ausgeführten Guß das untere gewesen zu sein schien, um ein möglichst dichtes Material zu erhalten. Aus der Mitte dieses Teiles, also tunlichst nahe der neutralen Achse bei der Biegung, wurde nun zunächst ein Streifen von 3,2 cm Breite herausgesägt und wieder aus der Mitte dieser Lamelle dann ein Rundstab gedreht, welcher schließlich noch in zwei Teile zerlegt wurde, von denen der eine für den Zug-, der andere für den Druckversuch verwendet wurde. Beide Stäbe hatten die gleiche Form: Durchmesser des Rundstabes 25 mm mit groben Gewinden an den Köpfen zum Einschrauben in das Muttergewinde der Einspannklaue.

Bei der Bearbeitung zeigte sich das Material im Innern der Balken ziemlich porös, wohl infolge der bekannten Veränderlichkeit der Dichte bei gegossenen Körpern von größerem Querschnitt, die eine Abnahme von außen nach innen aufweist [1]).

b) Versuchsergebnisse.

Bei der Ausführung der Zug- und Druckversuche mit den im Vorhergehenden beschriebenen Stäben wurde durchweg eine Meßstrecke von 5 cm Länge angewendet. Die Dehnungen wurden mit Hülfe von zwei Martensschen Spiegelapparaten gemessen, die an zwei gegenüberliegenden Längsfasern des Stabes angesetzt waren. Dabei wurden auch hier die beiden Spiegel einander so gegenübergestellt, daß derselbe Lichtstrahl an beiden reflektiert wurde, bevor er ins Fernrohr gelangte, so daß man mit einem einzigen Fernrohr arbeiten konnte. Als Skalenabstand mußte dann der mittlere Abstand beider Spiegel von der Skala eingeführt werden.

Die Ergebnisse der Zug- und Druckversuche mit den Stäben 5,1 und 5,2, die aus dem Material des Balkens Nr. 5 gewonnen worden waren, sind in Zahlentafel V zusammengestellt. Die hieraus sich ergebenden Zug- und Druckkurven sind in Fig. 19 in demselben Maßstabe, wie die aus dem Biegeversuch abgeleiteten in strichpunktierten Linien ($—\cdot—\cdot—$) zum Vergleich eingezeichnet. Man sieht daraus, daß die Abweichungen beider Linien am größten sind auf der Zugseite, und zwar in dem Sinne, daß die bei gleichen Dehnungen auftretenden Zugspannungen beim unmittelbaren Zugversuch durchweg kleiner sind als die aus dem Biegeversuch abgeleiteten. Diese Erscheinung könnte allein schon durch die geringere Dichte des aus dem Balkeninnern gewonnenen Zug-Probestabes gegenüber den beim Biegeversuch hauptsächlich wirksamen äußeren Schichten des Balkens erklärt werden. Es ist indessen sehr wahrscheinlich, daß Gußspannungen, die schon im Innern des unbelasteten Balkens vorhanden waren, für die Erklärung dieser Abweichungen in erster Linie in Betracht kommen. Der Einfluß solcher anfänglicher Gußspannungen auf die Spannungsverteilung im belasteten Balken soll später noch eingehender untersucht werden. Auf der Druckseite sind die Abweichungen beider Linien wesentlich geringer.

---

[1]) Vergl. **Bach**, Elastizität und Festigkeit, 4. Aufl., S. 38.

Zahlentafel V. Stab 5,1 und 5,2 aus Balken Nr. 5.

Zugversuch $d = 2{,}51$ cm; $f = 4{,}948$ qcm			Druckversuch $d = 2{,}51$ cm; $f = 4{,}948$ qcm		
P	$\sigma_1 = \dfrac{P}{f}$	ε_1	P	$\sigma_2 = \dfrac{P}{f}$	ε_2
kg	kg/qcm	in $^1/_{5000}$ mm	kg	kg/qcm	in $^1/_{5000}$ mm
0	0	0	0	0	0
500	101	50	500	101	49
1000	202	101	1 000	202	100
1500	303	157	1 500	303	153
2000	404	221	2 000	404	208
2500	505	292	2 500	505	264
3000	606	371	3 000	606	322
3500	707	458	3 500	707	380
4000	808	557	4 000	808	439
4500	909	670	4 500	909	500
5000	1010	808	5 000	1010	561
5500	1111	970	5 500	1111	628
6000	1212	1180	6 000	1212	696
6250	1263	1300	6 500	1313	765
6500	1313	1440	7 000	1414	838
6750	1364	1600	7 500	1515	914
7000	1414	1770	8 000	1616	994
7250	1464	1950	8 500	1717	1088
			9 000	1818	1190
Bei der letzten Belastung trat			9 500	1919	1303
der Bruch ein.			10 000	2020	1430
			10 500	2121	1570
			11 000	2222	1750
			11 500	2323	1942
			12 000	2424	2154
			12 500	2525	2390
			13 000	2626	2675
			13 500	2727	2970
			14 000	2828	3330
			14 500	2929	3730

In gleicher Weise wurden nun auch die aus den Balken Nr. 1, Nr. 3 und Nr. 4 gewonnenen Probestäbe Zug- und Druckversuchen unterworfen, deren Ergebnisse in den Zahlentafeln VI, VII und VIII zusammengestellt sind. Die mit den beobachteten Werten konstruierten Zug- und Druckkurven sind neben den aus den Biegeversuchen abgeleiteten Kurven in die Figuren 21, 23 und 25 wieder im gleichen Maßstabe mit strichpunktierten Linien eingetragen. Auch hier zeigen sich Abweichungen (am erheblichsten bei der Druckkurve des Balkens Nr. 4 in Fig. 25), und zwar durchweg in dem Sinne, daß hier die bei gleichen Formänderungen auftretenden Spannungen kleiner ausfallen, als die für die äußeren Fasern des gebogenen Balkens gefundenen.

V) Elastisches Verhalten des Materiales bei wiederholter Be- und Entlastung.

Bevor der Versuch gemacht wird, den Einfluß von anfänglichen Gußspannungen auf die Spannungsverteilung im Balken zu untersuchen, müssen die elastischen Eigenschaften des vorliegenden Materiales erst etwas eingehender betrachtet werden.

Die hierzu erforderlichen Versuche wurden sämtlich mit dem Balken Nr. 2 ausgeführt. Es wurden dabei die Erfahrungen verwertet, welche seinerzeit

Zahlentafel VI. Stab 1,1 und 1,2 aus Balken Nr. 1.

Zugversuch $d = 2{,}51$ cm; $f = 4{,}948$ qcm			Druckversuch $d = 2{,}51$ cm; $f = 4{,}948$ qcm		
P	$\sigma_1 = \dfrac{P}{f}$	ε_1	P	$\sigma_2 = \dfrac{P}{f}$	ε_2
kg	kg/qcm	in $^1/_{5000}$ mm	kg	kg/qcm	in $^1/_{5000}$ mm
0	0	0	0	0	0
500	101	43	500	101	55
1000	202	91	1 000	202	112
1500	303	149	1 500	303	171
2000	404	211	2 000	404	229
2500	505	275	2 500	505	288
3000	606	350	3 000	606	349
3500	707	436	3 500	707	414
4000	808	535	4 000	808	480
4500	909	655	4 500	909	545
5000	1010	805	5 000	1010	615
5500	1111	990	5 500	1111	689
6000	1212	1235	6 000	1212	768
6250	1263	1360	6 500	1313	851
6500	1313	1568	7 000	1414	947
6750	1364	1800	7 500	1515	1050
7000	1414	2030	8 000	1616	1170
7250	1465	2270	8 500	1717	1302
7500	1515	2620	9 000	1818	1460
7750	1566	2970	9 500	1919	1630
8000	1616	3320	10 000	2020	1820
			10 500	2121	2070
Bei der letzten Belastung trat			11 000	2222	2330
der Bruch ein.			11 500	2323	2630
			12 000	2424	2970
			12 500	2525	3350
			13 000	2626	3770
			13 500	2727	4180
			14 000	2828	4600

S. Berliner bei Zug- und Druckversuchen mit Gußeisen gleichfalls im Göttinger Universitätsinstitut für angewandte Mechanik gemacht hat, und die in der Abhandlung »Ueber das Verhalten des Gußeisens bei langsamen Belastungswechseln«, Dissertation, Göttingen 1906, niedergelegt sind.

Die wichtigsten für uns in Betracht kommenden Ergebnisse sind die folgenden: Wird ein vorher noch niemals belasteter Gußeisenstab einer langsam und stetig gesteigerten Belastung ausgesetzt, so erhält man, indem man zusammengehörige Werte der Lasten und Dehnungen als Koordinaten aufträgt, die sogenannte jungfräuliche Kurve des Stabes. Wird nun an irgend einer Stelle mit der Laststeigerung aufgehört, so tritt, trotzdem die Last unverändert gehalten wird, noch eine weitere Vermehrung der Dehnung ein, die sogenannte elastische Nachwirkung. Fährt man jetzt mit der Laststeigerung wieder fort, so steigt die Kurve zunächst steil an und erreicht bereits nach einer geringen Vermehrung der Last die Verlängerung der jungfräulichen Kurve wieder, ohne diese nachher zu überschreiten. Daraus ergab sich die für die Versuche wichtige Folgerung, daß auf eine stetige Laststeigerung kein Gewicht zu legen ist, wenn nur die Laststufen nicht unterhalb einer gewissen Größe gewählt werden und sofort nach Erreichung der bestimmten Last abgelesen wird.

Wartet man nach Erreichung einer gewissen Last P, bis keine merkliche Nachdehnung mehr eintritt und entlastet den Stab dann wieder vollständig, so bleibt eine gewisse dauernde Formänderung zurück, die sich mit der Zeit etwas

Zahlentafel VII. Stab 3,3 und 3,4 aus Balken Nr. 3.

Zugversuch $d = 2{,}51$ cm; $f = 4{,}948$ qcm			Druckversuch $d = 2{,}51$ cm; $f = 4{,}948$ qcm		
P	$\sigma_1 = \dfrac{P}{f}$	ε_1	P	$\sigma_2 = \dfrac{P}{f}$	ε_2
kg	kg/qcm	in $^1/_{5000}$ mm	kg	kg/qcm	in $^1/_{5000}$ mm
0	0	0	0	0	0
500	101	50	500	101	40
1000	202	100	1 000	202	89
1500	303	153	1 500	303	141
2000	404	209	2 000	404	194
2500	505	267	2 500	505	249
3000	606	329	3 000	606	304
3500	707	394	3 500	707	359
4000	808	471	4 000	808	413
4500	909	552	4 500	909	471
5000	1010	642	5 000	1010	529
5500	1111	746	5 500	1111	589
6000	1212	860	6 000	1212	651
6250	1263	920	6 500	1313	711
6500	1313	990	7 000	1414	777
6750	1364	1062	7 500	1515	840
7000	1414	1142	8 000	1616	909
7250	1465	1233	8 500	1717	977
7500	1515	1332	9 000	1818	1051
8750	1566	1440	9 500	1919	1130
8000	1616	1550	10 000	2020	1220
8250	1667	1670	10 500	2121	1314
8500	1717	1840	11 000	2222	1410
8750	1768	2010	11 500	2323	1509
9000	1818	2180	12 000	2424	1630
			12 500	2525	1760
Bei der letzten Belastung trat			13 000	2626	1910
der Bruch ein.			13 500	2727	2080
			14 000	2828	2270
			14 500	2929	2490
			15 000	3030	2730

verringert. Belastet man nun nochmals bis zur Last P, so tritt eine abermalige elastische Nachwirkung ein, deren Betrag sich bei mehrmaliger Widerholung dieses Vorganges allmählich verkleinert, bis das Verhalten des Körpers unveränderlich geworden ist. Betrachtet man sowohl bei der Ent-, wie bei der Belastung noch eine Reihe von Zwischenwerten, so zeigt sich, daß die denselben Belastungen entsprechenden Deformationen anders sind bei der Entlastung wie bei der Belastung. Man bezeichnet diese Erscheinung als die elastische Hysteresis. Entlastungs- und Belastungskurve schließen eine Fläche ein, die Hysteresisschleife, deren Form für das betreffende Material charakteristisch ist. Solche Schleifen sind beispielsweise eingezeichnet für Balken Nr. 5 in Fig. 18, für Balken Nr. 2 in Fig. 28, sowie bei den Zug-Druckkurven in Fig. 19, 21, 23 und 25.

Führt man Ent- und Belastungen von gleichmäßig abnehmender Größe aus, läßt also gewissermaßen den Stab ganz langsame, erzwungene Schwingungen von immer kleiner werdender Amplitude ausführen, so ordnen sich Entlastungs- und Belastungskurven zu einer Art Spirale an. Belastet man wieder vom Mittelpunkt der Spirale oder der Schwingung aus, so gelangt man durch alle oberhalb desselben gelegenen Umkehrpunkte hindurch. Diese Kurve hat Berliner »Durchschreitungskurve« genannt. Es zeigte sich nun, daß im Mittelpunkte der

Zahlentafel VIII. Stab 4,1 und 4,2 aus Balken Nr. 4.

Zugversuch $d = 2{,}51$ cm; $f = 4{,}948$ qcm			Druckversuch $d = 2{,}51$ cm; $f = 4{,}948$ qcm		
P	$\sigma_1 = \dfrac{P}{f}$	ε_1	P	$\sigma_2 = \dfrac{P}{f}$	ε_2
kg	kg/qcm	in $^1/_{5000}$ mm	kg	kg/qcm	in $^1/_{5000}$ mm
0	0	0	0	0	0
500	101	50	500	101	50
1000	202	103	1 000	202	100
1500	303	155	1 500	303	158
2000	404	215	2 000	404	219
2500	505	288	2 500	505	280
3000	606	368	3 000	606	345
3500	707	462	3 500	707	413
4000	808	571	4 000	808	481
4500	909	708	4 500	909	550
5000	1010	870	5 000	1010	626
5500	1111	1085	5 500	1111	707
6000	1212	1390	6 000	1212	790
6250	1263	1572	6 500	1313	878
6500	1313	1798	7 000	1414	972
6750	1364	2030	7 500	1515	1078
7000	1414	2298	8 000	1616	1190
7250	1465	2600	8 500	1717	1320
7500	1515	3078	9 000	1818	1480
			9 500	1919	1640
Bei der letzten Belastung trat			10 000	2020	1860
der Bruch ein.			10 500	2121	2080
			11 000	2222	2330
			11 500	2323	2630
			12 000	2424	3000
			12 500	2525	3410
			13 000	2626	3830
			13 500	2727	4270
			14 000	2828	4760
			14 500	2929	5260
			15 000	3030	5760

Durchschreitungskurven keine elastischen Nachwirkungen stattfinden. Berliner fand nun, daß die Gleichung:

$$\lambda - \lambda_1 = a\,(p - p_1) + c\,(p - p_1)^3$$

die Kurven innerhalb recht weiter Grenzen gut darstellt. Hierin ist p_1 die dem Mittelpunkt der Spirale zukommende Last, a die Dehnungszahl für diesen Punkt, die noch eine Funktion der Last p ist, c eine nahezu konstante Größe. Für den Fall der Biegung müßte dann die Gleichung lauten:

$$\varkappa - \varkappa_1 = a\,(M - M_1) + c\,(M - M_1)^3.$$

Da der Mittelpunkt der Durchschreitungskurve von der elastischen Nachwirkung frei ist, muß die Dehnungszahl in ihm mit der der rein elastischen Dehnung übereinstimmen. Diese ist bestimmt durch die Neigung der Tangente an die Kurve, die mit einem unendlich kleinen Stück der Kurve selbst zusammenfällt, dessen Gleichung lautet:

$$d\varkappa = a\,dM.$$

Durch Aneinanderreihung von solchen einzelnen Elementen erhält man dann die Kurve der rein elastischen Dehnung:

$$\varkappa' = \int_0^{M_1} a\,dM,$$

wobei wir zum Unterschiede von der Gesamtdehnung $\varkappa$ hier $\varkappa'$ schreiben.

Die Entlastungs- und Belastungskurven haben, wie die Beobachtung lehrt, in ihrem Anfangspunkte die Richtung der Kurve der rein elastischen Dehnung und können mit guter Annäherung berechnet werden nach der (auf den Fall der Biegung übertragenen) Formel:

$$\varkappa - \varkappa_1 = a\,(M - M_1) + \frac{c}{4}\,(M - M_1)^3,$$

wobei $\varkappa_1$ und M_1 die Werte für den Anfangspunkt darstellen, a und c dieselbe Bedeutung haben wie für die Durchschreitungskurven.

Bei den Versuchen mit Balken Nr. 2 wurden nun eine Reihe von Spiralen der beschriebenen Art ausgeführt. Dabei ist zu beachten, daß bei der Biegung eines Balkens die einzelnen Fasern verschiedene Spannung haben. Damit nun die inneren Fasern dieselben Vorgänge durchmachen wie die äußeren, können die Dehnungsamplituden der aufeinanderfolgenden Spiralen so angenommen werden, daß sie eine geometrische Reihe bilden. Bezeichnen wir nämlich den Abstand der äußeren Faser von der neutralen Achse mit e und betrachten eine innere Faser im Abstande $\dfrac{e}{n}$, die eine Dehnung λ erfahre, so wird die äußere offenbar die Dehnung $n\lambda$ haben. Wird nun weiter belastet, soweit, bis jene Innenfaser eine Dehnung $n\lambda$ erreicht hat, so wird jetzt die äußere Faser eine Dehnung $n\,(n\lambda) = n^2\lambda$ besitzen u. s. f. Die Werte λ, $n\lambda$, $n^2\lambda$ ... bilden aber eine geometrische Reihe. Allerdings ist dabei vorausgesetzt, daß die neutrale Achse unverändert bleibe, was nur für kleinere Belastungen annähernd zutrifft. Die Dehnungsamplituden wurden daher auf Grund einer aus einem früheren Versuch stammenden Biegungslinie nebst zugehörigen Entlastungskurven in diesem Verhältnisse angenommen.

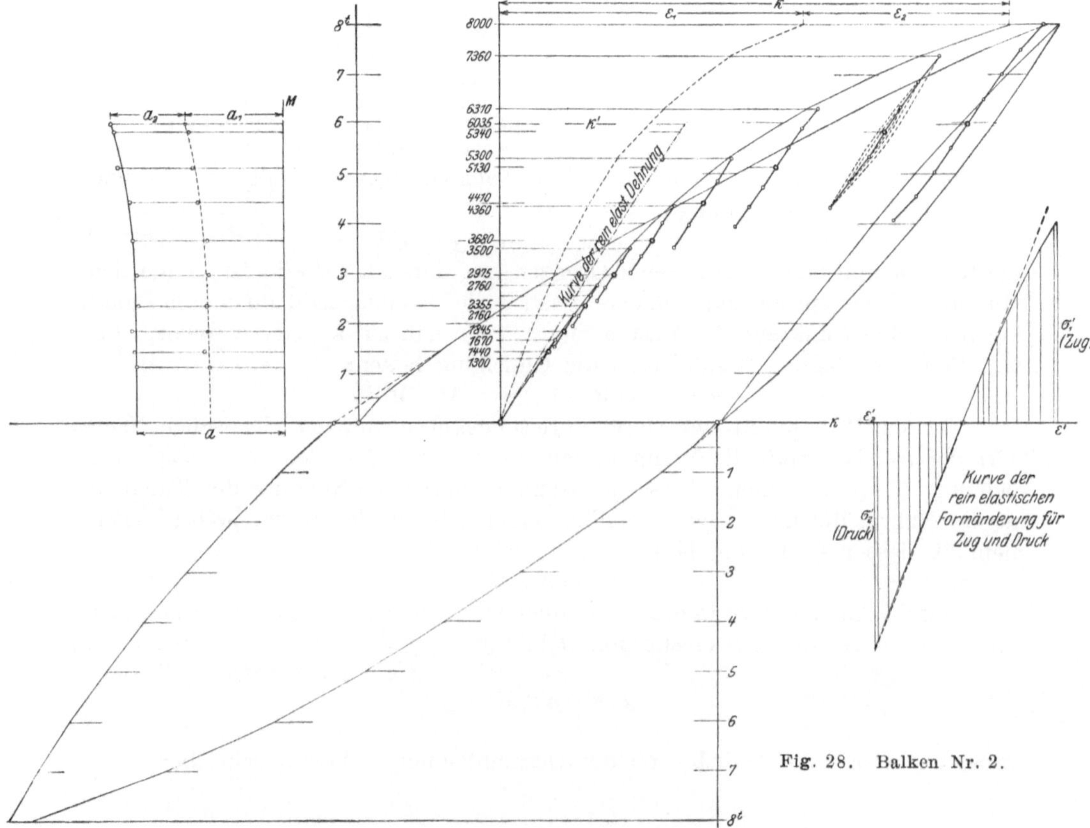

Fig. 28. Balken Nr. 2.

Zahlentafel IX. Balken Nr. 2.

P	$M = P \cdot \dfrac{25}{2}$	ε_1	ε_2	$\varkappa$	a	Bemerkungen
kg	kgcm		in $^1/_{5000}$ mm			
0	0	0	0	0		
500	6 250	60	60	120		
1000	12 500	127	128	255		
1300	16 250	167	170	337	$74{,}9 \cdot 10^{-8}$	1. Spirale
950	11 875	125	128	253		
1670	20 875	219	223	442		
1440	18 000	192	197	389	$76{,}1 \cdot 10^{-8}$	2. Spirale
1210	15 125	163	168	331		
2160	27 000	292	299	591		
1845	23 063	254	260	514	$77{,}3 \cdot 10^{-8}$	3. Spirale
1530	19 125	216	221	437		
2500	31 250	345	350	695		
2760	34 500	390	392	782		
2560	32 000	363	370	733		
2355	29 438	340	347	687	$73{,}9 \cdot 10^{-8}$	4. Spirale
2150	26 875	313	320	633		
1950	24 375	290	296	586		
3000	37 500	430	432	862		
3500	43 750	520	520	1040		
3240	40 500	491	491	982		
2975	37 188	460	460	920	$74{,}6 \cdot 10^{-8}$	5. Spirale
2710	33 875	424	428	852		
2450	30 625	392	392	784		
4000	50 000	619	610	1229		
4360	54 500	700	681	1381		
4020	50 250	660	648	1308		
3680	46 000	619	607	1226	$76{,}6 \cdot 10^{-8}$	6. Spirale
3340	41 750	575	563	1138		
3000	37 500	531	521	1052		
4500	56 250	741	712	1453		
5000	62 500	860	812	1672		
5300	66 250	940	880	1820		
4855	60 688	899	843	1742		
4410	55 125	842	789	1631	$78{,}0 \cdot 10^{-8}$	7. Spirale
3965	49 563	784	733	1517		
3520	44 000	722	675	1397		
5500	68 750	1002	935	1937		
6000	75 000	1180	1068	2248		
6310	78 875	1300	1157	2457		
5920	74 000	1279	1141	2420		
5525	69 063	1220	1092	2312		
5130	64 125	1161	1044	2205	$84{,}0 \cdot 10^{-8}$	8. Spirale
4735	59 188	1109	997	2106		
4340	54 250	1048	946	1994		
3950	49 375	987	892	1879		
6500	81 250	1400	1235	2635		
7000	87 500	1630	1390	3020		
7360	92 000	1830	1532	3362		
6855	85 688	1825	1535	3360		
6350	79 375	1742	1471	3213		
5840	73 000	1669	1409	3078	$85{,}5 \cdot 10^{-8}$	9. Spirale
5330	66 625	1597	1347	2944		
4825	60 313	1516	1281	2797		
4320	54 000	1431	1210	2641		
7500	93 750	1965	1645	3610		

Zahlentafel IX. (Schluß).

P	$M = P \cdot \dfrac{25}{2}$	ε_1	ε_2	$\varkappa$	a	Bemerkungen
kg	kgcm	\multicolumn{3}{c}{in $^1/_{5000}$ mm}		
8000	100 000	2400	1958	4358		
7510	93 875	2300	1879	4129		
7020	87 750	2225	1810	4035		
6530	81 625	2140	1750	3890		
6035	75 438	2064	1688	3752	$87,1 \cdot 10^{-8}$	10. Spirale
5540	69 250	1992	1628	3620		
5050	63 125	1916	1564	3480		
4560	57 000	1833	1497	3330		
4070	50 875	1734	1413	3147		

Die Zahlenwerte der Versuchsergebnisse sind in Zahlentafel IX zusammengestellt und in Fig. 28 durch Auftragung zur Anschauung gebracht. In der Zahlentafel sind auch die Dehnungszahlen a für die Mittelpunkte der Durchschreitungskurven aus den Gleichungen dieser Kurven berechnet. Mit Hülfe dieser Werte können dann die Größen der rein elastischen Dehnung ermittelt werden aus der Beziehung

$$\varkappa' = \int_0^{M_1} a \, d M.$$

Der Wert dieses Integrals kann leicht gefunden werden, wenn man — wie dies in Fig. 28 geschehen — die Werte a als Funktion von M aufträgt und die zwischen der Kurve der a- und der M-Achse liegenden Flächenstücke ausmittelt. Indem man die so gefundenen Werte $\varkappa'$ in den den einzelnen Mittelpunkten der Spiralen entsprechenden Belastungsstufen aufträgt, erhält man die Kurve der rein elastischen Dehnung. Sie berührt natürlich die jungfräuliche Kurve im Ursprung und zeigt nur eine schwache Krümmung.

In ähnlicher Weise wie die Biegungskurve lassen sich auch die Zug- und Druckkurven für die rein elastische Wirkung ableiten. Trägt man M als Funktion von ε_1 und ε_2 auf, wie dies in Fig. 28 in gestrichelten Linien geschehen, so lassen sich die entsprechenden Dehnungszahlen a_1 und a_2 in gleicher Weise berechnen wie vorher, und zwar muß offenbar

$$a = a_1 + a_2$$

sein.

Es wurden dann die Werte

$$\varepsilon_1' = \int_0^{M_1} a_1 \, d M \qquad \text{und} \qquad \varepsilon_2' = \int_0^{M_1} a_2 \, d M$$

durch Ausmessung der entsprechenden Flächen ermittelt. Die zugehörigen Spannungswerte σ_1' und σ_2' ergeben sich aus den Formeln:

$$\sigma_1' = \frac{2 M + \varkappa' \dfrac{\partial M}{\partial \varkappa'}}{b h \dfrac{\partial \varepsilon_1'}{\partial \varkappa'}} \qquad \text{und} \qquad \sigma_2' = \frac{2 M + \varkappa' \dfrac{\partial M}{\partial \varkappa'}}{b h \dfrac{\partial \varepsilon_2'}{\partial \varkappa'}}.$$

So wurden in Zahlentafel IXa die Spannungswerte σ_1' und σ_2' ausgerechnet und dann in Fig. 28 die aus diesen Werten gebildete Kurve aufgetragen. Diese weicht nur sehr wenig von einer Geraden ab, etwas mehr auf der Zugseite, kaum merklich auf der Druckseite.

Zahlentafel IXa. Balken Nr. 2.

1	2	3	4	5	6	7	8	9	10	11	12	13	14	15	16	17	18	19	20
P	$M = P \cdot \dfrac{25}{2}$	ε_1'	ε_2'	$x' = \varepsilon_1' + \varepsilon_2'$	ΔM	$\Delta\varepsilon_1'$	$\Delta\varepsilon_2'$	$\Delta x'$	$\dfrac{\Delta M}{\Delta x'}$	$\dfrac{\Delta\varepsilon_1'}{\Delta x'}$	$\dfrac{\Delta\varepsilon_2'}{\Delta x'}$	$\dfrac{\partial M}{\partial x'}$	$\dfrac{\partial\varepsilon_1'}{\partial x'}$	$\dfrac{\partial\varepsilon_2'}{\partial x'}$	$Z = 2M + x'\dfrac{\partial M}{\partial x'}$	$N_1 = bh^2\dfrac{\partial\varepsilon_1'}{\partial x'}$	$N_2 = bh^2\dfrac{\partial\varepsilon_2'}{\partial x'}$	$\sigma_1' = \dfrac{Z}{N_1}$	$\sigma_2' = \dfrac{Z}{N_2}$
kg	kgcm	in $^1/_{5000}$ mm										ausgeglichene Werte						kg/qcm	kg/qcm
0	0	0	0	0															
1125	14 063	128	129	257	14063	128	129	257	54,8	0,500	0,500	53,2	0,505	0,495	41 776	129,2	126,8	323	328
1440	18 000	165	169	334	3937	37	40	77	51,1	0,481	0,519	52,6	0,506	0,494	53 580	129,5	126,5	413	423
1845	23 063	214	217	431	5063	49	48	97	52,2	0,505	0,495	52,2	0,507	0,493	68 622	129,8	126,2	530	543
2355	29 438	276	276	552	6375	62	59	121	52,7	0,512	0,488	51,7	0,509	0,491	87 376	130,1	125,9	671	694
2975	37 188	351	349	700	7750	75	73	148	52,3	0,507	0,493	51,0	0,512	0,488	110 076	130,9	125,1	840	880
3680	46 000	437	437	874	8812	86	88	174	50,7	0,494	0,506	50,0	0,515	0,485	135 700	131,9	124,1	1026	1096
4410	55 125	530	522	1052	9125	93	85	178	51,2	0,522	0,478	49,0	0,518	0,482	161 750	132,8	123,2	1218	1312
5130	64 125	627	606	1233	9000	97	84	181	49,7	0,536	0,464	48,0	0,522	0,478	187 450	133,8	122,2	1400	1534
5840	73 000	732	692	1424	8875	105	86	191	46,4	0,550	0,450	47,0	0,526	0,474	213 000	134,6	121,4	1580	1756
6035	75 438	762	718	1480	2438	30	26	56	43,5	0,536	0,464	46,6	0,528	0,472	219 776	135,2	120,8	1622	1810

Zum Abschluß dieser Versuchsreihe mit Balken Nr. 2 wurden noch 2 Hysteresisschleifen aufgenommen: die erste, indem nach Erreichung der Höchstlast von 8000 kg vollständig bis null entlastet und darauf abermals bis 8000 kg belastet wurde; die zweite, größere Schleife zwischen den Lasten $+8000$ und -8000 kg. Zu diesem Zwecke mußte nach der vollständigen Entlastung der Balken in den Schuhen der Biegevorrichtung umgewendet werden, so daß die obere Seite nach unten zu liegen kam, dann bis 8000 kg belastet und wieder bis 0 entlastet werden. Schließlich wurde er abermals in die erste Lage gebracht und von 0 bis 8000 kg belastet, so daß eine geschlossene Schleife entstand.

Zahlentafel X. Balken Nr. 2.

P	ε_1	ε_2	$\varkappa = \varepsilon_1 + \varepsilon_2$	Bemerkungen
8000	2461	2028	4489	
7000	2320	1911	4231	
6000	2166	1786	3952	
5000	1999	1653	3652	
4000	1822	1509	3331	
3000	1630	1356	2986	
2000	1427	1188	2615	
1000	1203	1011	2214	
0	953	808	1761	Schleife zwischen 8000
1000	1104	942	2046	und 0
2000	1267	1082	2349	
3000	1438	1227	2665	
4000	1617	1373	2990	
5000	1804	1528	3332	
6000	2006	1686	3692	
7000	2218	1856	4074	
8000	2438	2053	4491	
0	944	778	1722	nach 4 Tagen
0	0	0	0	neue Einstellung nach Um-
500	90	95	185	kehrung des Balkens
1000	202	228	430	
2000	453	520	973	
3000	733	828	1561	
4000	1040	1145	2185	
5000	1370	1460	2830	
6000	1760	1800	3560	
7000	2240	2210	4450	
8000	2860	2670	5530	
8000	2960	2780	5740	nach 5 Minuten
7000	2831	2662	5493	
6000	2691	2539	5230	
5000	2529	2400	4929	
4000	2367	2257	4624	
3000	2177	2096	4273	
2000	1990	1925	3915	
1000	1778	1733	3511	
0	1550	1541	3091	
0	1367	1517	2884	nach 1 Tag
0	0	0	0	neue Einstellung nach aber-
500	83	94	177	maliger Umkehrung des
1000	195	235	430	Balkens in die erste Lage
1500	312	380	692	
2000	450	546	996	
3000	740	887	1627	
4000	1080	1250	2330	
5000	1438	1610	3048	
6000	1815	1975	3790	
7000	2230	2380	4610	
8000	2710	2830	5540	

Nach Erreichung der Höchstlast sowie nach der vollständigen Entlastung mußte die elastische Nachwirkung erst abgewartet werden. Im übrigen lassen die Entlastungs- und Belastungskurven, die gleichfalls in Fig. 28 dargestellt sind, einen stetigen, regelmäßigen Verlauf, auch bei der Ueberschreitung des Nullpunktes, erkennen. Die der zeichnerischen Darstellung zugrunde liegenden Beobachtungswerte sind in Zahlentafel X zusammengestellt.

VI) Einfluß anfänglicher Gußspannungen auf die Spannungsverteilung im Balken.

Es ist wohl nicht zweifelhaft, daß durch das Vorhandensein von Gußspannungen in dem noch unbelasteten Balken das Bild der Spannungsverteilung, wie es sich unter der Voraussetzung eines spannungslosen Anfangzustandes ergibt, wesentlich verschoben werden kann. Die Berücksichtigung solcher Gußspannungen ist aber sehr schwierig, da wir über ihre absolute Größe gar nichts wissen und auch keine Anhaltspunkte für eine einigermaßen zutreffende Abschätzung haben. Dagegen ist es wohl möglich, sich über das Vorzeichen dieser inneren Spannungen in den einzelnen Faserschichten des Balkens Rechenschaft zu geben, und zwar auf Grund von folgenden Erwägungen.

Wenn ein Gußeisenkörper eben gegossen und noch vollkommen flüssig ist, werden zunächst infolge der leichten Verschieblichkeit der Flüssigkeitsteilchen keine inneren Spannungen auftreten. Es würde auch kein Anlaß zum Auftreten solcher gegeben sein, wenn die Abkühlung vollkommen gleichmäßig in allen Teilen des Körpers vor sich ginge. Dies ist nun aber bei Gußeisenkörpern von einigermaßen großen Abmessungen niemals erreichbar. Die Abkühlung wird immer von außen nach innen allmählich fortschreiten. Wenn nun die äußeren Schichten bereits etwas abgekühlt und erstarrt sind, werden sie die inneren Schichten, welche sich beim weiteren Fortschreiten des Erstarrungsvorganges zusammenzuziehen trachten, hierin beschränken. Sie wirken daher im Sinne einer Streckung auf die im Innern des Balkens befindlichen Teile und erzeugen so in diesen Zugspannungen. Andererseits werden nun aber auch die inneren Schichten in ihrem Bestreben, sich bei fortschreitender Abkühlung weiter zu verkürzen, auf die mit ihnen zusammenhängenden äußeren Schichten in dem Sinne einwirken, daß sie diese nötigen, ihrer Zusammenziehung teilweise zu folgen. Sie werden daher Druckspannungen in den nach außen zu liegenden Schichten des Balkens veranlassen. Wir sehen also, daß infolge der allmählich von außen nach innen fortschreitenden Abkühlung innen Zug- und nach außen zu Druckspannungen auftreten, deren Größe sich von Schicht zu Schicht stetig ändert.

Die folgende Untersuchung ist angestellt worden, einmal um an einem Beispiel zu zeigen, wie sich derartige Aufgaben etwa durchführen lassen, dann aber auch, um die Art der Beeinflussung der Spannungsverteilung durch die Gußspannungen kennen zu lernen und zu erfahren, in welcher Richtung und in welchem Grade die Ergebnisse der im Vorstehenden angewandten Art von Spannungsermittlung durch das Vorhandensein von Gußspannungen gefälscht werden können, inwieweit demnach die wirklich erhaltenen Abweichungen auf Gußspannungen zurückzuführen sind.

Die Größe der Gußspannungen mußte ganz willkührlich gewählt werden. Damit ihr Einfluß aber auch deutlich hervortrete, wurden sie recht erheblich angenommen, etwa gleich der Hälfte der auftretenden Biegungsspannungen. Dem Verlaufe der Spannungsänderung von Schicht zu Schicht kann am einfachsten eine Parabel zugrunde gelegt werden. Dabei ist selbstverständlich darauf zu achten, daß die Resultierende der Druckspannungen gleich der der Zugspannungen, die Druckfläche also mit der Zugfläche inhaltsgleich sei. Es wurde nun die ganze Balkenhöhe in 10 gleiche Teile eingeteilt, und in den dadurch festgelegten Fasern 0, 1, 2 ... 9, 10 wurden dann die Vorgänge bei der allmählichen Steigerung der Biegungsbelastung näher verfolgt.

Zunächst sind jetzt schon im unbelasteten Anfangzustand die einzelnen Fasern nicht mehr spannungslos, sondern der Dehnung 0 entsprechen in den einzelnen Fasern verschiedene Werte der Spannungen in 0, 1, 2, 8, 9, 10 Druck-, in 3, 4, 5, 6, 7 Zugspannungen. Die Größe dieser anfänglichen Spannungen wurde unter Zugrundelegung der parabelförmigen Spannungsverteilung in Fig. 29 ermittelt und auf der Achse der Spannungen aufgetragen. Belastet man nun, so wird eine Faser in der unteren Hälfte des Balkens, die schon von vornherein eine Zugspannung hatte, z. B. 7, eine weitere Steigerung dieser Spannung erfahren, gerade so, als ob sie durch Belastung bereits bis zu dem anfänglichen Betrage gespannt gewesen wäre. Der nun folgende Spannungsverlauf wird daher durch die jungfräuliche Kurve vorgeschrieben sein, die demnach einfach parallel zu verschieben ist. Eine ursprünglich gedrückte Faser in der unteren Balkenhälfte, z. B. 9, wird dagegen zunächst bis auf die Spannung null entlastet werden müssen, bevor sie eine Zugspannung aufnehmen kann. Der Spannungsverlauf in dieser Faser wird daher derjenigen Entlastungskurve (vergl. Fig. 21) entsprechen müssen, die von einem Punkte der jungfräulichen Kurve ausgeht, dessen Spannungsordinate gleich der Anfangspannung in der betrachteten Faser ist. Diese Entlastungskurve ist daher gleichfalls parallel zu verschieben.

Aufgrund dieser Erwägungen sind nun in Fig. 29 für sämtliche Fasern 0 bis 10 die Spannungskurven gezeichnet worden, wobei der Konstruktion die jungfräuliche Kurve, sowie Entlastungskurven des Balkens Nr. 1 zugrunde liegen.

Nun wurde für eine Reihe von aufeinander folgenden Krümmungen $\varkappa$ die Spannungsverteilung ermittelt, indem das Abszissenstück zwischen den äußersten Spannungsordinaten in 10 gleiche Teile geteilt wurde. So erhält man wegen des linearen Zusammenhanges zwischen Dehnungen und Faserabständen auf den für die einzelnen Fasern geltenden Spannungskurven Punkte, die der jeweiligen Spannung in diesen Fasern bei dem betreffenden Belastungszustand entsprechen. Dabei muß jedoch, um eine wirklich mögliche Spannungsverteilung zu erhalten, die Lage der äußersten Spannungsordinaten so ermittelt werden, daß die Resultierende der Zugspannungen stets gleich der der Druckspannungen ist, d. h., daß die Flächenstücke zwischen Spannungskurve und Achse der Dehnungen auf der Zug- wie auf der Druckseite gleich groß sind.

Die so erhaltenen Spannungsflächen, deren Grenzordinaten die Spannungen in den äußeren Fasern darstellen, wurden nun sämtlich auf eine dem Abstande dieser Fasern, d. i. der Balkenhöhe gleich 8 cm, entsprechende Breite verwandelt. Dies ist gleichfalls in Fig. 29 ausgeführt worden. Dann wurden die Flächen ausgemessen und so die Größen der Resultierenden R der Zug- und der Druckspannungen unter Berücksichtigung der Breite des Balkens gleich 4 cm und deren gegenseitige Abstände r ermittelt. Damit konnte nun die Größe der den Momenten der inneren Kräfte entsprechenden äußeren Biegungsmomente $M = R\,r$ berechnet werden. Dies ist in der Zahlentafel XI geschehen.

Die den jeweiligen Belastungszuständen entsprechenden Werte der Dehnungen ε_1 und ε_2 können aus der Zeichnung der Spannungskurven in Fig. 29 entnommen werden.

Will man nun den Einfluß der Gußspannungen auf die Ergebnisse unseres
Verfahrens studieren, so braucht man nur anzunehmen, die Dehnungswerte seien
aus einem Biegeversuch nach Art der durchgeführten gewonnen. Dann müssen
die unter Ib) entwickelten Formeln zur Berechnung der Spannungen σ_1 und σ_2
auch auf diesen Fall anwendbar sein. Die rechnerische Ermittlung der Werte
ist in der Zahlentafel XI durchgeführt. Die Kurve der Momente M sowie die Aus-
gleichkurven für die Werte $\dfrac{\partial M}{\partial x}$ und $\dfrac{\partial \varepsilon_1}{\partial x}$ sind in Figur 30 und 31 aufgetragen.

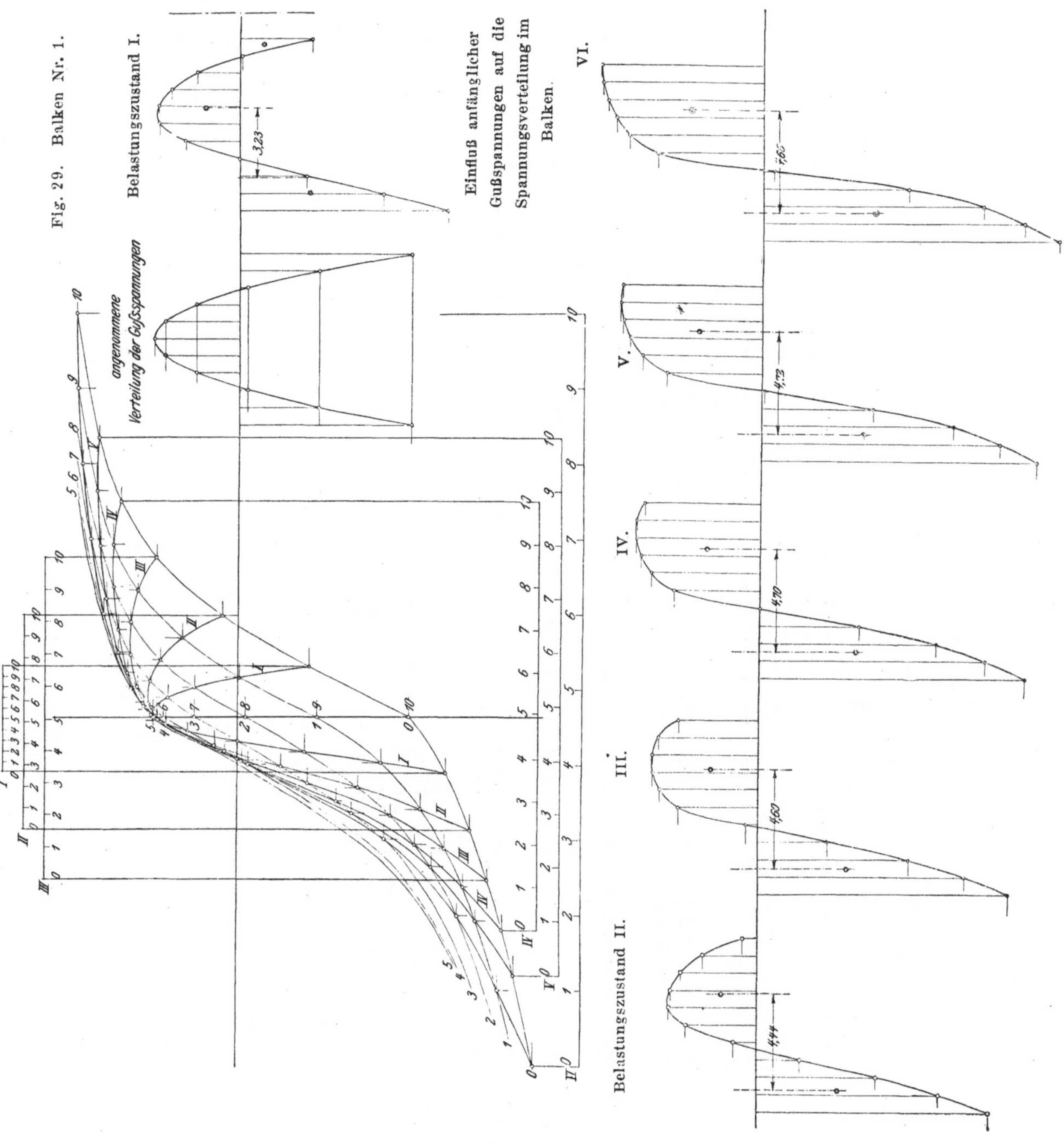

Zahlentafel XI. Ermittlung des Einflusses anfänglicher Gußspannungen.

Berechnung der Momente $M = Rr$.

$$M_I = 10240 \cdot 3{,}23 = 33280 \text{ kgcm}, \qquad M_{III} = 16430 \cdot 4{,}60 = 75580 \text{ kgcm}, \qquad M_V = 20756 \cdot 4{,}72 = 97970 \text{ kgcm},$$
$$M_{II} = 13120 \cdot 4{,}44 = 58250 \quad \text{»} \qquad M_{IV} = 18944 \cdot 4{,}70 = 89040 \quad \text{»} \qquad M_{VI} = 23864 \cdot 4{,}66 = 111200 \quad \text{»}$$

Berechnung der Spannungen σ_1 und σ_2.

M	ε_1	ε_2	$\varkappa = \varepsilon_1 + \varepsilon_2$	ΔM	$\Delta\varepsilon_1$	$\Delta\varepsilon_2$	$\Delta\varkappa$	$\dfrac{\Delta M}{\Delta\varkappa}$	$\dfrac{\Delta\varepsilon_1}{\Delta\varkappa}$	$\dfrac{\Delta\varepsilon_2}{\Delta\varkappa}$	$\dfrac{\partial M}{\partial\varkappa}$	$\dfrac{\partial\varepsilon_1}{\partial\varkappa}$	$\dfrac{\partial\varepsilon_2}{\partial\varkappa}$	$Z = 2M + \varkappa\dfrac{\partial M}{\partial\varkappa}$	$N_1 = bh^2\dfrac{\partial\varepsilon_1}{\partial\varkappa}$	$N_2 = bh^2\dfrac{\partial\varepsilon_2}{\partial\varkappa}$	$\sigma_1 = \dfrac{Z}{N_1}$ kg/qcm	$\sigma_2 = \dfrac{Z}{N_2}$ kg/qcm
											ausgeglichene Werte							
0	0	0	0															
33 280	240	260	500	33 230	240	260	500	66,56	0,480	0,520	57,4	0,485	0,515	95 260	124,0	132,0	768	722
58 250	470	530	1000	24 970	230	270	500	49,94	0,460	0,540	40,9	0,500	0,500	157 400	128,0	128,0	1232	1232
75 580	740	760	1500	17 330	270	230	500	34,66	0,540	0,460	29,3	0,520	0,480	195 110	133,2	122,8	1465	1582
89 040	1010	990	2000	13 460	270	230	500	26,92	0,540	0,460	21,8	0,545	0,455	221 680	139,6	116,4	1590	1905
97 970	1300	1200	2500	8 930	290	210	500	17,86	0,580	0,420	16,4	0,567	0,433	236 940	145,2	110,8	1634	2135
111 200	1880	1620	3500	13 230	580	420	1000	13,23	0,580	0,420	11,5	0,612	0,388	262 650	156,6	99,4	1678	2632

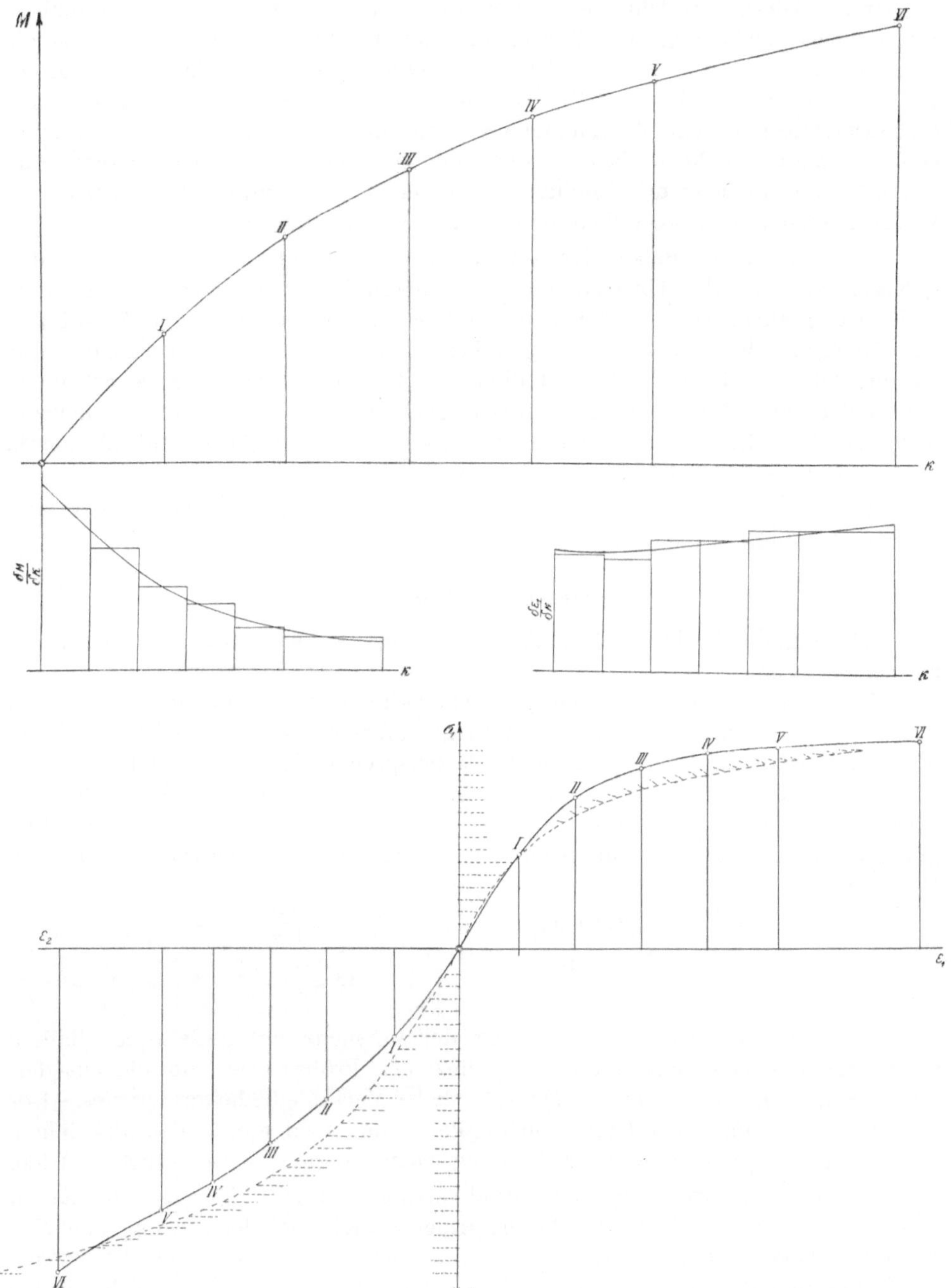

Fig. 30 und 31. Balken Nr. 1. Zur Ermittlung des Einflußes anfänglicher Gußspannungen.

Ebenda ist auch die mit den so berechneten Werten σ_1 und σ_2 konstruierte Spannungskurve gezeichnet. Zum bequemen Vergleich wurde die mit den Probestäben aus Balken Nr. 1 erhaltene Kurve in strichpunktierten Linien hinzugefügt.

Wie man ersieht, zeigen die beiden Kurven erhebliche Abweichungen, aber nicht etwa derart, daß diese in demselben Sinne stetig anwachsen oder abnehmen. Diese Abweichungen zeigen vielmehr im allgemeinen eine Zunahme bis zu einem gewissen größten Werte, um dann wieder abzunehmen und schließlich in die entgegengesetzte Richtung überzugehen. Betrachtet man daraufhin die Kurven in Fig. 19, 21, 23 und 25, so erkennt man sogleich, daß die dort vorkommenden Abweichungen allein durch die Annahme anfänglicher Gußspannungen nicht erklärt werden können. Sie erscheinen aber sehr wohl begreiflich, wenn man den Einfluß der ungleichen Dichtigkeit des Materials an verschiedenen Stellen desselben Balkens mit hinzunimmt.

So scheinen bei Balken Nr. 5 allerdings kleine Gußspannungen vorhanden gewesen zu sein; die Abweichungen bei Balken Nr. 1 dagegen, die ziemlich gleichmäßig anwachsen, sind wohl hauptsächlich durch die geringere Dichtigkeit des Materials der Probestäbe gegenüber dem der Balken verursacht. Das Gleiche gilt vom Balken Nr. 3. Balken Nr. 4 zeigt dagegen ganz auffallend den Einfluß von Gußspannungen; allerdings kommen bei dem Probedruckstab noch die Wirkung der geringeren Dichtigkeit des Materiales und als deren Folge durchweg größere Dehnungen hinzu.

Versuche mit Gesteinsmaterial, die bessere Ergebnisse erhoffen lassen, sind in Vorbereitung.

Zusammenfassung.

Die Ergebnisse der vorliegenden Arbeit lassen sich etwa folgendermaßen zusammenfassen:

Unterwirft man einen Balken von rechteckigem Querschnitt aus homogenem Material einer allmählich gesteigerten Biegungsbelastung und beobachtet dabei die dem jeweiligen Biegungsmomente M entsprechenden Längenänderungen ε_1 und ε_2 der äußeren Fasern, so ist es möglich, unter Zugrundelegung der einzigen Annahme, daß die zur Stabachse senkrechten Querschnitte bei der Biegung eben bleiben, die äußersten Faserspannungen zu berechnen aus den Formeln:

$$\sigma_1 = \frac{2M + \varkappa \dfrac{\partial M}{\partial \varkappa}}{b\,h\,\dfrac{\partial \varepsilon_1}{\partial \varkappa}} \quad \text{und} \quad \sigma_2 = \frac{2M + \varkappa \dfrac{\partial M}{\partial \varkappa}}{b\,h\,\dfrac{\partial \varepsilon_2}{\partial \varkappa}}.$$

Bei der praktischen Durchführung der Versuche mit gußeisernen Balken zeigte sich nun, daß das Material der einzelnen Probekörper, obwohl aus derselben Pfanne gegossen, doch recht erhebliche Verschiedenheiten aufwies. Der Grund dieser auffallenden Ungleichmäßigkeit kann wohl nur in den abweichenden äußeren Umständen bei der Abkühlung nach erfolgtem Gusse gesucht werden.

Die unmittelbaren Zug- und Druckversuche, welche hierauf mit Stäben ausgeführt wurden, welche den der neutralen Schicht bei der Biegung zunächst gelegenen Teilen der Balkenenden entnommen waren, bestätigen im allgemeinen die Ergebnisse der Biegeversuche. Sie weisen tatsächlich eine solche große Verschiedenheit des Materiales nach, wie sie sich bei den Biegeversuchen ergeben hatte. Der allgemeine Verlauf der Spannungskurven entspricht demjenigen der Biegeversuche. Immerhin war die Uebereinstimmung doch nicht so gut, wie man eigentlich hätte erwarten dürfen. Dies scheint einmal in den Unterschieden der Dichte des Materials an verschiedenen Stellen des Balkens, dann aber auch in dem Vorhandensein anfänglicher Gußspannungen begründet zu sein, wie sie bei der Herstellung größerer Gußstücke kaum vermieden werden können.

Um diese Vermutung etwas näher zu prüfen, mußte auf das elastische Verhalten des vorliegenden Materiales genauer eingegangen und untersucht werden, nach welcher Richtung hin das Vorhandensein von Gußspannungen störend wirkt.

In der Tat zeigte sich nun, daß durch die Annahme solcher innerer Anfangspannungen unter gleichzeitiger Berücksichtigung des Einflusses der verschiedenen Dichtigkeit des Materials alle Abweichungen der aus den Biegeversuchen abgeleiteten Spannungskurven von den aus den unmittelbaren Zug- und Druckversuchen erhaltenen befriedigend erklärt werden können.

Es ist beabsichtigt, die gleiche Untersuchung mit einem Gesteinsmateriale von möglichst gleichmäßiger Struktur und Dichte durchzuführen, bei welchem ein störender Einfluß von Gußspannungen oder dergl. nicht zu befürchten ist. Man darf wohl erwarten, daß die Uebereinstimmung der beiden Spannungskurven wesentlich besser sein wird.